この清流を守りたい

秋田・成瀬ダムは必要ですか？

Makoto Hiwatashi
樋渡 誠

花伝社

この清流を守りたい——秋田・成瀬ダムは必要ですか？◆目　次

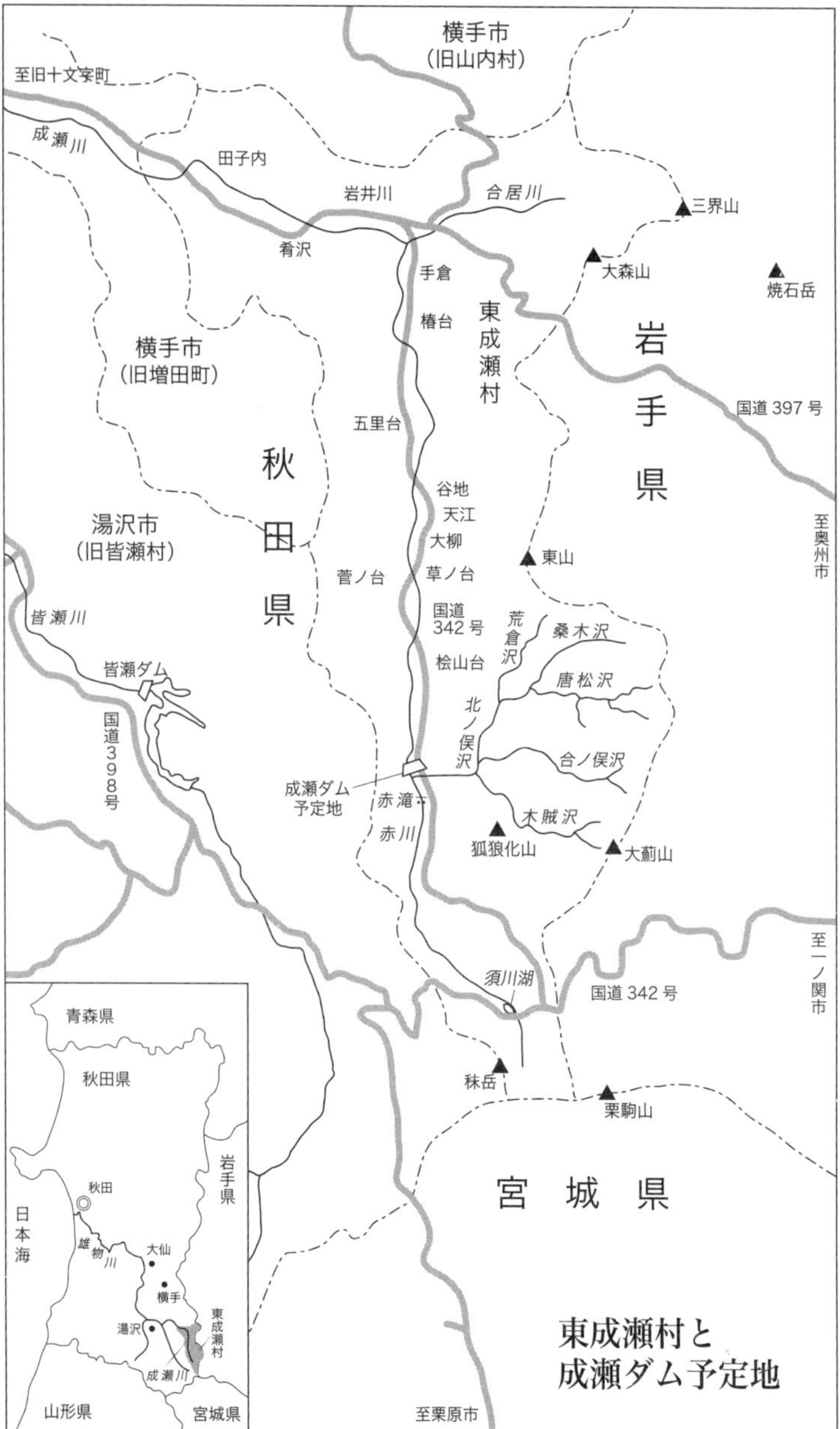

東成瀬村と
成瀬ダム予定地

はじめに

秋田県東成瀬村に仁郷《にごう》というところがあり、そこに人家はないけれども広々とした平原がある。二十年ほど前、平原の中央に大きな看板が建てられていた。いまはもうなくなっているが、「成瀬《なるせ》ダム」と大書きされていたことを憶えている。

そこはダム建設予定地だった。

もし成瀬川にダムができたら……。

その看板を見たときは、ああ成瀬川も濁りが消えない川になってしまうんだな、としか思わなかった。私の地元（湯沢市稲川地区）を流れる皆瀬川のように。皆瀬川には上流にふたつのダムがあり、大雨がつづくと何日も濁りが消えなくなる。成瀬川もそうなってしまうのか、とそのときは漠然とした印象しか抱かなかった。

それから何度か現場を通りかかっても看板はそのままで、手入れも化粧もされていないのか、いつしか薄汚れて錆付いていた。新聞やテレビでは白神山地の青秋林道や旧田沢湖町の玉川ダムの報道は多かったけれど、成瀬ダムの話題が上ることはほとんどなく、おそらく成瀬ダムな

東成瀬村仁郷。成瀬ダム建設予定地（撮影＝奥州光吉）

んて何十年も先のことなんだろうと思いこんでいた。

ある日、「成瀬ダム環境影響評価」というまがまがしい文字が新聞を飾り、こころの片隅に引っ掛かっていたものがポトリと落っこちて、言いようのない不安が首をもたげて自分を急き立てた。

東成瀬村役場へ行って成瀬ダムの詳細を調べ、そして知った。秋田県史上、比類なき巨大公共事業が動き出したことを。

ダム型式　　ロックフィルダム
堤　高　　一一三・五メートル
堤頂長　　六九〇メートル
堤体積　　一一九五・八万立方メートル
湛水面積　　二・二六平方キロメートル
総貯水容量　　七八七〇万立方メートル

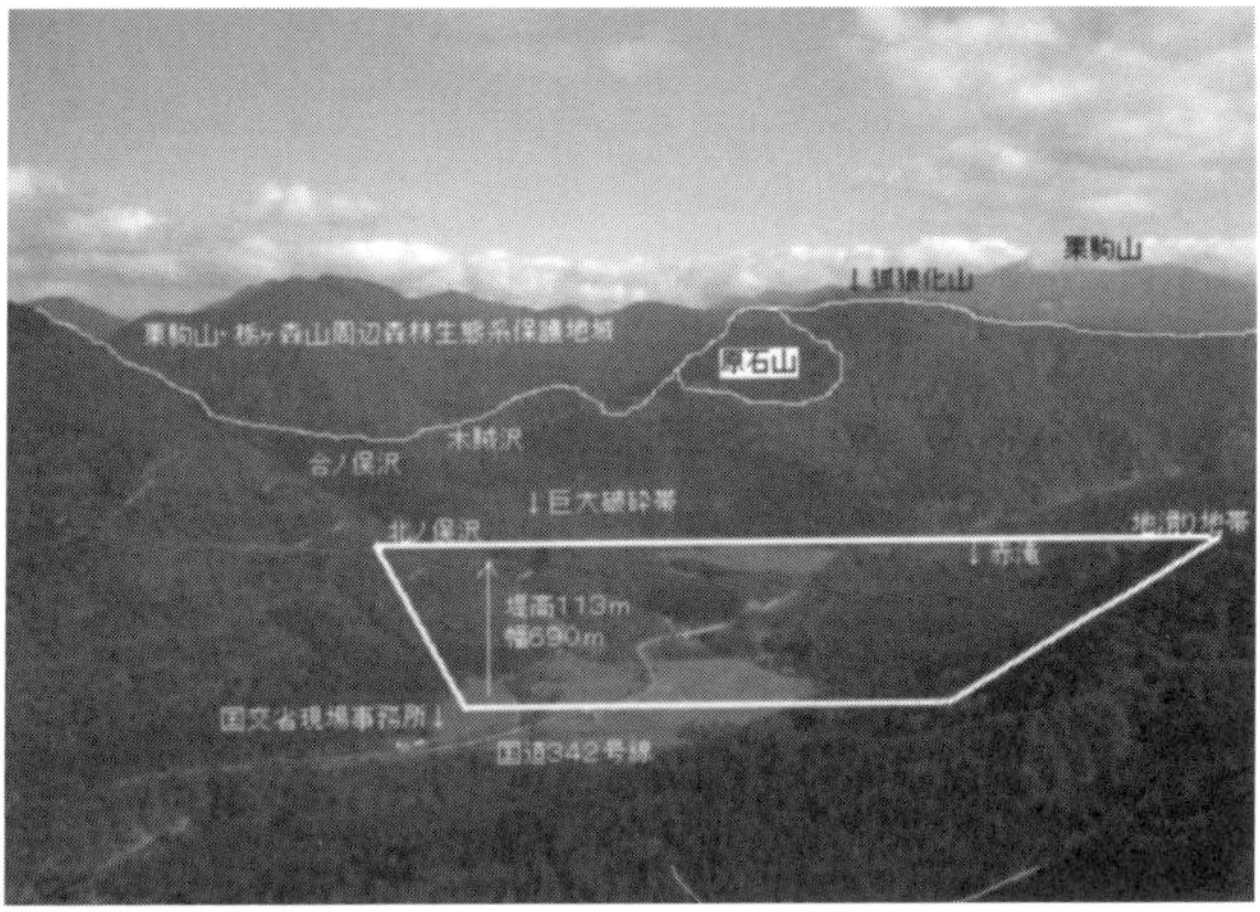

成瀬ダムの建設計画

この数字だけではピンとこないが、これはかつて県が経験したことのない大きなダムが造られ、なおかつ前例のない規模の自然破壊が行われることを示す。

成瀬ダムってなんだろう？　絶対必要なのだろうか？　――そんな思いから私の検証作業ははじまった。ダムの大義を調べ、必要性を洗い、現場を歩き、関係者から話を聞き、過去から現在の資料をあさって得た結論は「いらないんじゃないか？」というものだ。

本書はそうした活動と記録をまとめたものである。

成瀬ダムはその規模の割に全国的な知名度が低く、地元の肉声も賛否とは関係なしになかなか聞こえてこない。しかしそれでは健全とはいえまい。

愛知の長良川河口堰や長崎の諫早湾干拓事業、熊本の川辺川ダム、徳島の細川内《ほそごうち》ダムのように、住民と国家が真っ向からぶつかりあって議論を深め、問題を洗いなおす作業を経ないと、のちのちまで禍根を残すことになろう。

ふるさと秋田を愛するひとりとして、わが郷土を大きく変えることになりかねない成瀬ダムという巨大公共事業を前に、なにもせず傍観したくはない。そう思っている郷土人は少なくないはず。本書がその是非を問うきっかけになればと思う。

しのびよるダム建設

●ため息

冬を前に衣替えをはじめた森に風が吹くたび、命を終えた葉っぱがひらひらと舞い落ちる。青い流れの成瀬川がそれをさらい、朱・黄色の一葉を次から次へと、あるもの岸へうちあげられ底石に錦の衣を着せ、あるものは急流にもまれ澱みへ沈み、あるものは遠い山の便りと急ぎ足に下流へ運ばれ、やがて果てる。

四季の営みに秋は生命の終末を見る。

涼しかった夏のせいか、いつもは秋の空を埋めつくすアキアカネの姿が今年（二〇〇三年）は少ない。栗駒山《くりこまやま》（須川岳《すかわだけ》・一六二七メートル）の行楽期も過ぎ去った十月下旬、東成瀬村最奥の集落・桧山台《ひやまだい》を訪れた。国道三四二号沿いにおよそ一キロにわたって、家屋が点々と七軒連なっている。右手にあるトドマツの若木を目印に、国道から左側へそれて休耕田の中に延びる砂利道を百メートルほど山手へ入ると、スギ木立ち手前の平屋の屋根に立つ煙突から薪ストーブの煙がのぼっていた。このお宅の主人が玄関先で角材を運び出し、屋根にいる奥州光吉さんに手渡そうとしている。

「なにやってるんですか？」

「ソバの実どご乾してらのよ」

ご主人が答えた。少し離れたところのソバ畑は、内側を四角形に半分ほど残し、外側ばかりきれいにコンバインで刈り取ったあとがある。収穫したてのソバの実を屋根に敷いたシートの上にばら撒き、天日で乾燥させるのだ。

「収穫量はまずまずだな。コメと違ってソバは、ここの冷温でもきちんと育づがら」

乾燥させたソバは隣村の旧皆瀬《みなせ》村の製粉所へ運ばれるという。休耕田には三匹のヤギが、こちらをうかがいながらのんびりと草を食んでいる。

奥州さんのあとにつづいて家の中へ入ると、奥さんがうどんを茹でていた。

この夫婦は関西からここへ引っ越してきて、今年で十一年になる。秋田県東成瀬村の自然に惚れこみ、農作業や山菜・キノコ採りで生計を立てている。奥州さんは夫婦の友人だ。

タバコをくゆらせながらご主人が語る。

「今年はキノコがイマイチだな。ブナカノカやクリタケはまああだが。ヤマブドウなら百キロぐらい採ったなあ。みな花山村（宮城県）の業者さ卸した」

「これからムキタケが出るでしょう、そっちでまた稼げるじゃない？」と奥さんが言うと、

「もう体がもだねえ」と笑った。

山の幸の宝庫である東成瀬村の自然のただ中で暮らす夫婦の会話には、あくまで屈託がない。薪ストーブのそばで猫が惰眠をむさぼっていた。雪のない関西から東北の豪雪地帯へやってきて、十一回目の冬を迎えようとしている。数メートルの積雪に備えて雪囲いしなくてはいけない時期だ。つらく暗く長い冬を前に沈みがちな気分を、四季の表情豊かな秋田の山村で、いま真っ赤に燃え上がる里の紅葉がなぐさめてくれる。夫婦はすっかり土地の人である。

ご主人が、ある手紙、というより文書を見せてくれた。差出人は国土交通省東北地方整備局湯沢工事事務所(以下、原則として国交省と表記)。「新たに作業を行うことになりました」とある。ここから三キロほど奥へ行ったところにある、赤滝《あかたき》という滝の周辺で行われる発破工事の通知だ。

ここでの暮らしも十年を超え、土地の風俗や文化・言葉にもすっかり溶けこんだ夫婦に、ひとつだけ気がかりなことがある。

国土交通省直轄「成瀬ダム」というダム建設計画。その巨大な公共事業に、桧山台もろとも呑みこまれようとしているのだ。

●起源

桧山台の歴史は古い。

江戸時代の紀行家・菅江真澄《すがえますみ》の文献『雪の出羽路雄勝郡』にはつぎのように記されている。

「この村は陸奥駒形山（栗駒山）の麓、出羽の馬草山（秣岳《まぐさだけ》）のこなたにあり、西は足倉岳にふたがりて深谷の底のやうなる山里なり」

一六三七（寛永一四）年の春に、桧山台の下流にある椿台《つばきだい》の高橋丹波が、谷地《やち》集落とともに拓いた集落であるとされる。椿台から谷地まではおよそ五キロ。桧山台はさらに十二キロも奥にある「深谷の底のような里」だ。途中には大柳や草ノ台などの集落も点在しているが、有史以来桧山台は成瀬川峡谷の最奥の集落として、三六六年もの歴史を刻みつづけてきた。

菅江真澄は『駒形日記』の中でも桧山台に触れている。桧山台に投宿し、一八一四（文化一一）年、秋も深まった八月一九日（旧暦。いまの十月はじめ）に栗駒山をめざした。道中の描写には、朴木台《ほおのきだい》（仁郷）や赤滝・北ガ沢（北ノ俣沢《きたのまたさわ》）などの地名も出てくる。

「いくちしほ染る紅葉の影おちていと〻いろこき赤滝のみつ」の歌は、紅葉にいっそう赤く染まった赤滝の流れを称えた歌だ。その名称からミステリアスな雰囲気をかもし出す狐狼化《ころげ》山

（一〇一五メートル）のことを、コオロギ（ウマオイ）に形が似ていることから名づけられたらしいと、当時の土地の言い伝えを残している。

真澄が「ひじょうにけわしい山路」（内田武志・宮本常一編訳『菅江真澄遊覧記』）と表現しつつ歩いた一九〇年ほど前と、大型車もゆうにすれ違える大仰な車道が延びる現在とでは隔世の感があるのは当然として、戦前、秋田栗駒の山なみに最初に起きた変革について少しさらっておきたい。

●ブナ退治

「深谷の底のような山里」桧山台の奥、広々とした丘陵地帯と成瀬川源流の北ノ俣沢を越えると左手には仁郷（朴ノ木台）という台地が広がり、そこから栗駒山へとつづく隘路は「ひじょうにけわしい山路」で、人々を容易には寄せ付けなかった。その峡谷に最初の〝開発〟の手が入ったのは、戦争の銃音と軍靴が地を打つ音が聞こえはじめた一九三九（昭和一四）年である。

栗駒山の秋田県側、いわゆる須川高原には、標高五百メートルから千メートルの中腹に広大な緩傾斜地が展開し、良質なブナ・トチ・ホオの宝庫であった。国家はこのブナを主体とする天然木に目をつけ、仁郷の台地に営林署の担当区（事業所）を置く。軍部が台頭し、中国大陸

手前にスギ、カラマツ植林地、その向こうにブナ林。東成瀬村に位置する栗駒国定公園。

侵略から太平洋戦争へと、世相は暗い時代に突入していったが、奥成瀬の山里は〝ブナ特需〟に沸き出したのである。

秋田栗駒山ろくの西側にある旧皆瀬村では、急峻な地形のためトロッコ（森林軌道）によるブナ運び出しが主体だったが、東成瀬村の場合、狐狼化山の向こうはなだらかで見通しの利く斜面であることが幸いして（災いというべきか）、須川温泉へつながる林道を利用し、トラックでのブナ搬出が行われた。戦時下における物資の不足にあっても、旧谷地《やち》橋や仁郷橋など成瀬川に架かる橋は鉄筋で造られ、褐鉄鉱とともにブナ材を持ち運ぼうというトラックが、砂利道にタイヤを食いこませ鉛色の図体をきしませながら、地響き立てて奥成瀬の峡谷を縫うように走った。

台地や緩やかな斜面には、下枝も少なくまっすぐに上へと伸びたブナが生息する。運び出し手段も確立された。雪に閉ざされる半年間をのぞき、須川高原にはブナを伐り倒すチェーンソーの音が連日鳴り響いた。

それはまさしくブナ退治であった。

ブナ・トチ・ホオ・ミズナラ。太古からなる広葉樹林を形成する、樹齢二百年をゆうに超すであろう巨木が、ことごとくなぎ倒された。大半は製紙会社へ送られてパルプ材になったり、鉄道敷設のさいの線路の枕木などにも使われた。

奥成瀬の山間の里は好景気に沸く。敗戦後、伐採事業はますます活発化、拡大人工造林政策というさらなるブナ退治政策のもとに、事業範囲は標高千メートル超に達する。いきおい秣岳(一四二四メートル)の本体にまで作業員が押し寄せた。須川湖がトラックの走る振動で波立ち、湖面には下半身を丸裸にされた秣岳の無残な姿が映し出された。

こうした伐採事業は一九六一年ころまで行われた。事業所設置から二二年で秋田・須川高原のブナは伐りつくされたのである。伐採後にはスギやカラマツが植えられたか、丸裸のまま放置された。

一九九七年に秣岳に登ったとき、中腹からみた裾野の光景に驚きを禁じえなかった。一九五〇年代の伐採痕が、四十年以上の時を隔てたいまも素人目にはっきりとわかるのである。国道三四二号と仁郷大湯線に沿って、百メートルから二百メートルの伐採帯が中腹に段差を残していた。ただでさえ豪雪地帯である。標高の高い原生林は四十年やそこらで再生できるものではない。スギやカラマツを植林したところはもっと惨めだ。下草刈りも枝打ちも間伐もされず、完全放置状態。〝秋田の森は黒い〟というレッテルはこんなところから派生しているのだ。皆伐による丸裸の山腹も、何百年という時を経ればいつかはかつての森がよみがえるだろう。しかしスギ・カラマツを植えたところは、いったい何が残るのか。「往時はブナの原始林であったが国策により殆ど伐採された。現在なら自然環境保護の問題が起ることだろう。伐採後落葉松が植樹されたがどれ程の価値があろうか」（『東成瀬村郷土誌』）

玉川の強酸性水を導入して田沢湖の固有種クニマスを絶滅せしめたのと、琵琶湖をしのぐほどだった八郎潟《はちろうがた》の漁場の大半を干拓したのは国策によるもの。須川高原のブナを伐ってスギやカラマツを植林したのも、つまりは国策であった。なぜスギなのか。それは須川高原にはブナよりもスギこそがふさわしいと、当時は考えたからであろう。広大な国有林を抱えこむ東成瀬村は、過去にこうした未曾有の自然破壊を許してしまった。「村の木」にスギを選定したのも、国家による蛮行を食い止められなかった過去から逃れるすべのないヤケクソ的居直りと受け止められなくもない。自らが背負った十字架の重さに耐え切れなくなったのか、ここ数年、村は村有の皆伐地にて小学生を動員して広葉樹の植樹を行ったり、奥州市へ通じる国道三九七号沿いの焼石岳《やけいしだけ》山ろくのスギ植林地の枝打ち・下草刈りを実施するなど、過去の贖罪的行動が散見される。なぜ贖罪（罪滅ぼし）か。それは、村は村の自然の豊かさ・大切さをいまもって理解していないからである。いや理解しようとしない、目を背けていると言ったほうが正確だろう。

本当に自然の大切さを理解しているのなら、壊された自然の再生以前に真っ先にやらなければならないことがある。いま風前の灯にある、成瀬ダム建設地の自然をいかに守るかだ。環境影響評価（アセスメント）で建設省（現・国土交通省）でさえ認めざるを得なかった、世界遺産・白神山地に匹敵する自然、これを後世に遺すべく。

しかし村は、後述するが一様にダム建設を支持しているのである。ダム撤回要求などおくびにも出さない。したがって「贖罪」は永遠につづけなくてはならない。十字架に押しつぶされ、自壊する危険性を覚悟で。

●崩落地

十一月下旬、麓の紅葉はすっかり過ぎ去った。国道三四二号も長い冬ごもりに入り、栗駒山の山頂はほんのり雪をかぶっていた。狐狼化山の頂上部分が白いのは霧氷であろう。

仁郷の台地で待つこと一〇分、奥州さんの軽トラックがやってきた。きょうは天気はよいが気温がなかなか上がらないらしい。国交省の環境調査員がひとり、狐狼化山にフィールド・スコープを向けていた。

車を草地のはずれに置き、林道を森の中に分け入る。狐狼化山の調査は、私はまだこれで三度目だが奥州さんはかれこれ二十回は登っているという。ダム予定地内や周辺、あらゆる沢・山・崖など、かなり危険な場所も幾度となく歩いている、地元の人以上の達人だ。

スギ・ヒノキ造林地のほぼすべての樹木にカラーのビニール・テープが巻かれている。「私有林だから、所有者への伐採の通知でねがな」と奥州さん。間もなくブナ・ミズナラの二次林に入る。ここもテープで〝伐採宣告〟されていた。道が大きくカーブしている尾根の突端部分に、道を横断するように測量の杭が打たれている。「ちょうどこのあだりの上に、国道バイパスの橋が架がるらしい」

成瀬ダム建設にともない、仁郷橋など現在の国道はダムの底に沈むことになるから、付替道路の建設が、周辺工事としてダム本体工事にさきがけて行われる。四とおりのルート案のうち、国交省は桧山台の背後、東側の山に隧道（トンネル）を貫かせ、ダム右岸の北ノ俣沢に橋を架けるルートを採用した【図1】。トンネルは狐狼化山にもぶち抜かせて現在の国道に合流させるのだという。自然環境に配慮し、山を削ることを極力抑えた案とのことだ。付替道路はダム工事につきもの。四つの案のうち、ほかのルートは赤川左岸コースやダム湖に長大な橋を架け

図1　成瀬ダム建設地

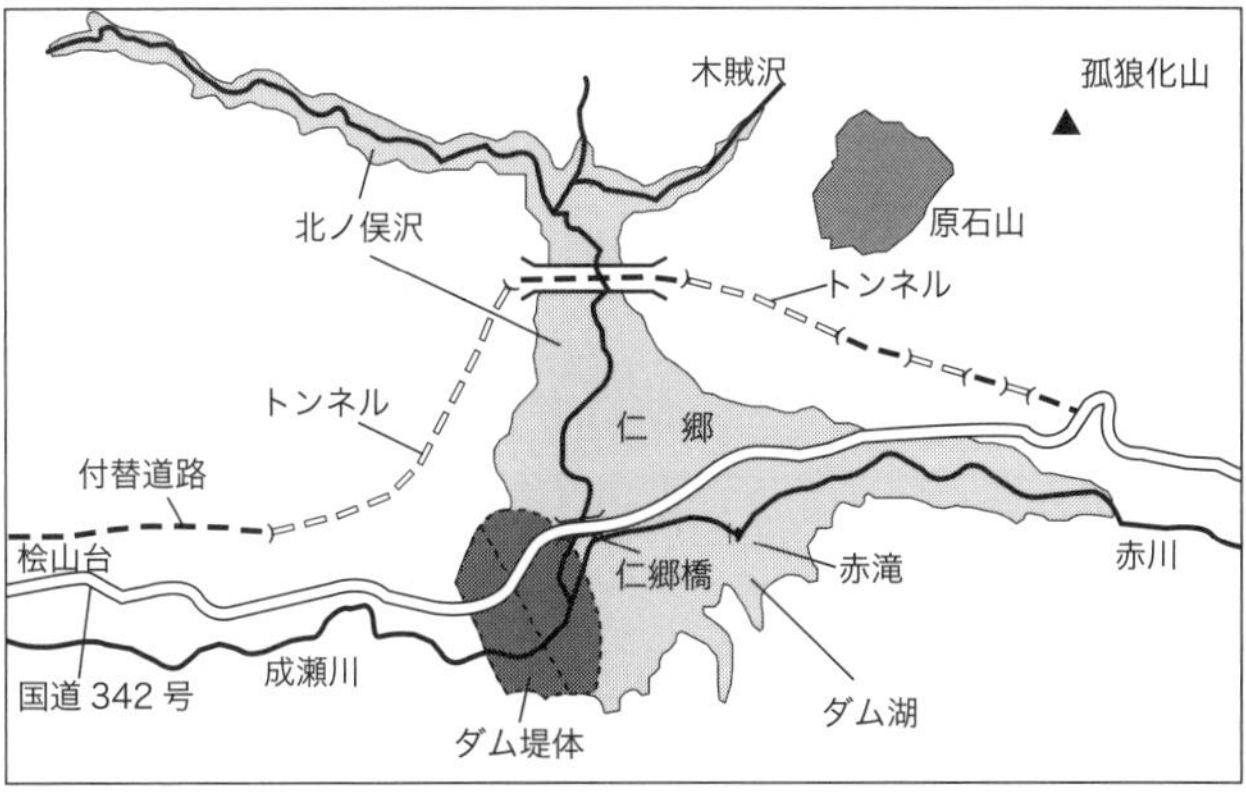

る案など現実離れしたものだから、消去法でいけばこれが最善かなと思えなくもない。

だが橋の架かる北ノ俣沢は、成瀬川の命ともいうべき源流で、イヌワシ・クマタカのもっとも密度の濃い生息地でもあるのだ。ダムに水没する区域が含まれていることで物議を呼んだ栗駒山・栃ヶ森《とちがもり》山周辺森林生態系保護地域の入り口でもある。そんなところにバイパスを通すとは、環境に負荷をかけないという国交省の言い分と矛盾するような気がする。

道はふたたびスギ植林地へ入り、急な下り坂を経て木賊《とくさ》沢に下りる。「水が多いな」。きのうまで雨が降っていたせいで、ふだんの水量の倍以上だという。水もこころなしか濁っているようだ。

この道はかつての伐採・木出しに使われたなごりの道で、狐狼化山の南側までつづいているが、いまは山菜・キノコ採りや釣り人くらいにしか利用されることはない。スギ植林地は、木賊沢をはさんだ狐狼化山の対岸の大薊山《おおあざみ》のすそ野にも広がっている。植林して三十年以上も経ったスギは、痛々しいくらい細い幹が根元から弓なりに折れ曲がり、下枝もそのまま。むろん間伐処理はされていない。商品価値はゼロに等しいであろう。そんな廃墟に等しい森にもコゲラやアカゲラの声が響いている。

「あれを見でけれ」と奥州さんが指差した方角に、青と灰色が混じったような色の崩落地がある。狐狼化山東側斜面は凝灰岩の軟弱な地質ゆえ、大・中規模の崩落地がいたるところにあり、木賊沢本流も含めて県は砂防ダムをいくつも造ったが、奥州さんが示した中規模の崩落地にある砂防ダム数基はすべて土砂で埋まり、もはや用をなさない。しかもきのうまでの雨のせいか、いまもわずかながら泥の混じった沢水が流れこんでいる。

「去年の冬、木賊沢が異常な濁りを起こしたべ、あの濁水はこっから出でいだがったのよ」

二〇〇二年十一月、冬の初めの成瀬川では通常起こりえない濁水現象が発生した。あのときは北ノ俣沢はおろか、本流の岩井川付近まで薄い灰色がかった濁り水で埋めつくされた。青白い水が本流を満たし、上流へ行くほどに濁りはひどくなった。護岸工事が行われているわけでもなく、北ノ俣沢・合ノ俣沢《あいのまた》、そして濁水のおおもとは木賊沢と判明し、原因を調べた奥州さんが、この崩落地からの濁水の噴出を突き止めたのである。

当時、県の自然保護指導員をしていた私は、この異常な濁りをすぐに県に報せた。崩落地

北ノ俣沢（手前）に合流する合ノ俣沢（上）の濁り水（2002年11月撮影）

の上方では地質・地盤調査のボーリングが行われていたのだ。ダム建設にからむ基礎地盤の止水と補強を目的としたボーリング工事は、直径五〜一〇センチの孔を、深さ数十メートルまで掘り下げ、セメントミルクを注入する。これに起因する地下の変動が、崩落地になんらかの作用をもたらしたとは考えられないかと思ったからである。

しかし県も国交省も、ボーリングによる影響はないと結論づけていた。現場のボーリング工事は十月中にすべて終了したことや、こうした濁水は工事着手以前にも見られていたことなどを挙げていた。だが奥州さんは言う。「土砂が崩れてもあんなひどい濁りが、十日以上もつづくだろうか」。県自然保護課からのメールでは「木賊沢上流の下部の地質は凝灰岩で脆く、航空写真でも自然裸地や崩壊地が確認されている」とあった。航空写真を見るまでもなく、現場はそちこちが崩壊地だらけである。奥州さんが話す。

「ダムの材料になるロック（岩石）は狐狼化山の北側から採取される。その岩石搬出のためのトラックが通る道路は、ちょうどこのあだりさ造られる」

県でさえ地質上の問題点を指摘するところに工事用車両を通す道を造る……。身が凍りつく思いがした。

巨大ダムの先例

●玉川ダム

秋田県に既存のダムで規模がもっとも巨大なのは、仙北市（旧田沢湖町）の玉川ダムである。雄物川水系四大支流のひとつ玉川には一九五七（昭和三二）年完成の鎧畑《よろいばた》ダムがある。その上流にコンクリート重力式の多目的ダムとして、総貯水容量二億五四〇〇万立方メートルの巨大ダムが完成したのは一九九〇（平成二）年だ。

秋田八幡平のふところ、旧玉川集落の歴史と文化を葬り去り、宝仙湖なる人造湖を出現させた玉川ダムは「公共事業」という建て前の影にひそむ魔物の暗く冷たい薄笑いが絶えずつきまとい、いまもなお県の財政を圧迫し、かつ県民の首をしめる象徴的な存在であろう。

玉川ダムには、他の多目的ダムとは違った目的が課せられていた。工業用水である。総貯水量二億五四〇〇万立方メートルのうち二七二〇万立方メートルが、当初の計画では秋田湾開発の造成地の製鉄所に供給される予定であった。郷土の発展に欠かせない大きな役目をもたされ、県は提高を九八メートルから一〇〇メートルにかさ上げすることを当時の建設省に要望、これが認められたのである。ただし事実上のかさ上げ分予算にあたる一三三億円は県の起債よる負担であった。

そこへ事態が急変、オイルショックを機に、秋田湾開発はほどなく挫折の憂き目に遭う。玉川ダムの工業用水は行き場を失った。となれば、ダムを造る上で堤体かさ上げも必要なくなる。他の利水と治水分のみの規模に戻して建設すればよい。県も一三三億円を払わなくてすむと、だれもが思うだろう。

ところが県と建設省は、いらないはずの工業用水分のかさ上げをしたままの規模で、玉川ダム建設を強行したのである。これがすべてのはじまり、二十一世紀のいまも県民を苦しめ恥をかかせつづける、悔恨と悲哀の発端となる。

●大王製紙誘致

工業用水は日量四〇万トン。これを無駄に海へ流すわけにはいかないと、県が誘致を持ちかけたのが大王製紙という企業である。製紙会社は大量の水を喰うからだ（同時に大量の木材も消費する）。大王側との折衝はまとまり、秋田市飯島沖に造成が決まった。ここまでは順調だった。

ところが迎える側の飯島地区の住民が反対運動を展開する。「製紙工場は公害企業」というイメージがあり、当時耳目を集めていた猛毒ダイオキシンへの不安もあいまって、「公害を出すような企業の誘致は反対」と、周辺漁協や自然保護団体を巻きこみ、住民グループは反対署名を集める。隣接する旧天王町も反対を県議会に陳情し誘致断念を求めた。

大王側も、バブル経済崩壊や県に対する住民の補助金差し止め訴訟などの抵抗で嫌気が差したのか、進出延期を繰り返し、結局は二〇〇〇（平成一二）年に撤退を表明する。

この騒動は法廷に持ちこまれ、大王は担保金五五億六六〇〇万円の返還を秋田県に求める訴訟を東京地裁に起こし、県は大王に、用地造成や導水管整備にかかった費用のうち約八四億円を請求、互いが訴え合うという図式になり、法廷闘争が繰り広げられた。

二〇〇三（平成一五）年に、大王側が一六億円の和解金を秋田県に支払うという案が示されが、県はこれを拒否、一審は県の完全敗訴に終わる。県は控訴し、高裁による判断を待つことになる。

そして二〇〇五（平成一七）年四月に高裁が示した和解案を県は受け入れ、裁判の終了とともに大王製紙との関係もなくなった。一審で示された和解金より五億も安い約一一億円で和解が成立、県が預かっていた五五億六六〇〇万円の担保金は大王に返還した。県の実質的な敗訴だった。

いずれにせよ、県が大王製紙進出を当てこんで導水管建設や土地造成に投入した二四〇億円は、すべて無駄になってしまった。玉川ダム堤体かさ上げで県が負担した一三三億円も金利がかさみ、償還額は元利合わせて二八三億円に膨張。余計な規模で玉川ダムを造って県費をつかい、結局来なかった企業のために二四〇億円もフイに。これが県民をリードするエリートたちのなせる技か。

●森吉山ダム

その玉川ダムをはるかに上回る巨大さで現在建設が進められているのが、北秋田市（旧森吉町）の森吉山《もりよしざん》ダムだ。

コンクリート重力式の玉川ダムと違い、森吉山ダムはロックフィル式。断面図がピラミッド型の、桁違いに大きな堤体である。総貯水容量七八一〇万立方メートルは玉川ダムの三分の一に満たないが、堤体積五八五万立方メートルは玉川ダムの五倍を超え、完成すればその時点でダントツで県内一となる。

この森吉山ダムもまた、公共事業のもつ欺瞞が充満し、悲しさとやり切れなさを如実に表している好例といえよう。東成瀬村の栗駒山と同様、秀峰森吉山（一四五四メートル）が林野庁の乱伐にさらされたあげくに建設が決まったダムだからだ。

森吉山ろくのブナ伐採も苛烈極まるものだったらしい。明石良蔵氏のルポ（無明舎出版編『ブナが危ない！――東北各地からの報告』所収）によれば、営林署がいかに自然と生態系を考えず、目先の利益だけでやみくもにブナを伐採したかがわかる。

「拡大人工造林計画のやり方は、チェンソーでまたたくまにブナ林を皆伐し、ブルドーザーで押したり引いたり、山の表土ももろともに伐採した木を集めて、山の表土を丸裸にしてしまうというやり方で、それまで二、三〇年かかってやった仕事を、二、三年でやってのけるという超スピードで、すさまじい『山荒らし』が強行された」（『ブナが危ない！』）

こうした「山荒らし」の果てにはげ山となった森吉山一帯に、一九七二（昭和四七）年七月、集中豪雨が襲いかかり、大洪水が発生する。家屋浸水六五四〇戸、被害総額一三五億円となっている。当時の新聞報道に「造林を上回る伐採で山の保水力が低下」（一九七二年七月二七日付『秋田魁新報』）とあるように、この洪水がこれほどまでに広範囲かつ大きな被害をもたらした遠因は、明らかに森吉山の乱伐にあった（素波里《すばり》ダムなど既存ダムの放水が被害を大きくしたとの見方も）。

だが伐ったブナは半永久的にもとに戻らないのである。いつまた豪雨が襲い、洪水の悪夢がよみがえるかもしれない。流域の町村民から治水ダムの要望が出され、あれよあれよという間に建設が具体化し、流域住民の安全確保という錦の御旗のもと、旧称阿仁川ダム建設が決まったのである。一九八六（昭和六一）年に着工、計画が発表された当初は抵抗していた水没地区住民も、一九九一（平成三）年に補償協定書に調印して移転に同意し、道路付け替えなどの周辺工事も終わり、現在は本体工事が行われている。

●これでも大きさは成瀬ダムの半分

二〇〇三年夏に森吉山へ登ったついでに森吉山ダム建設現場を見てきた。その広大さにただただ圧倒された。子吉川水系小又川はおせじにも大きいとはいえない。川幅はせいぜい二〇メートル前後ではないか。上流に一九五三年完成の森吉ダムがあるためか、水量も少ないように見えた。そんな上流域を、提長七八六メートル、提高八九・九メートルの岩石とコンクリートの集合体でせき止めようというのである。事業費ははじめ一〇〇〇億円程度だったのが一七五〇億円に跳ね上がったのは二〇〇二（平成一四）年のこと。砕淵地区にある採石山は、安っぽいアクション映画に使えそうな奇異な姿をさらし、ダムサイトでなければめったにお目にかかれない四六トン巨大ダンプカーが整然と並んでいた。

ここもかつては山村独特の文化とコミュニティがあり、人々が生き生きと日々を送っていたに違いない。そんな過去の暮らしぶりを想像するに、自然・文化・歴史・風土あらゆる生命の

森吉山ダム建設現場

息吹を水没させるダムというものをあらためて思い知り、吐き気をこらえるのに苦労した。先に森吉山ダムの堤体積を玉川ダムの五倍以上と書いたが、成瀬ダムの堤体積一一九五万立方メートルは森吉山ダムの倍を超える。森吉山ダム建設現場は、東成瀬村民にとりマイナスの意味で一見の価値があるだろう。

歴史に「たら・れば」は禁句とされているが、人と自然が本来あるべき姿であったなら、玉川ダムも森吉山ダムも、必要なかったはずだ。少なくともあのような形では。

玉川ダム建設をごり押しした当時の知事や県議・県幹部も、森吉山のブナ皆伐を指揮した営林局のリーダーも、県民に多大な負担を残した責任をなんら問われることなく、ウン千万の退職金にあずかってぬくぬくと余生を送っているのであろうか。

成瀬川——肴沢《さかなざわ》ダム

鎧畑ダムは一九五七（昭和三二）年、皆瀬ダムは一九六三（昭和三八）年に完成したが、川井ダムと肴沢ダムはいまもって未着工のままだ。雄物川治水事業の最大の柱ともいうべきダム建設で、なぜこのふたつは半世紀以上も野ざらし状態なのか。「動き出したら止まらない」としばしば揶揄される日本の公共事業で、このふたつが動きを止めた理由はなにか。川井ダムと肴沢ダムの周辺を探ってみよう。

●役内川の川井ダム

川井ダム凍結の理由は、地元住民の猛烈な反対運動にあったことが主たる原因だが、この経緯について『河北新報』横手支局に勤めていた中島剛記者が詳細なルポ（秋田版連載「雄物川上流物語」、一九九七年一二月～一九九八年三月）にまとめている。二〇〇四（平成一六）年に出版された栗田義一著『川井ダム——半世紀の苦闘』（暁印刷）も参考にして、以下に要約してみる。

川井ダム関連地域の六集落には、三〇四世帯・一六二九人が住んでいた。多くは農家だが背後に広がる入会林野での「山の恵みだけで十分生きていけた」。冬場に出稼ぎに行く人すらほとんどいなかったという。そこへ降ってわいたダム建設計画。当時の秋の宮村長を先頭に、村はダム反対一色に染まった。建設省や県当局の現地調査も、受け入れ拒否を貫く。

住民と国家との膠着状態が長くつづいて、一九六七（昭和四二）年一二月、県知事、雄勝《おがち》町長、川井ダム反対期成同盟会長の三者で、「川井ダム予備調査協定書（三者協定）」が調印される。当時の小畑知事も「ダム反対者の切り崩しは絶対にしない」と明言しつつ、川井ダムが建設に向けて大きく踏み出した瞬間だ。

翌一九六八（昭和四三）年に県川井ダム調査事務所が設置され、ダム予定地住民との補償が話し合われる。三者協定書のルールに従えば、県と住民との交渉がまとまり次第ダム建設が一気に加速し、建設省が立ち入ってボーリングなどの初期調査がはじまり、住民は立ち退いていく手はずであった。

しかし住民は立ち退かなかった。県が提示する補償条件は、住民たちが納得できるものではなかったからだ。

前述のように、川井ダム予定地は住民にとって「山の恵みだけで生きていける」ところ。冬場の出稼ぎすら必要なかったなんて、当時の山村ではほとんど考えられないくらいだ。そこを捨てさせて、県が追いやろうとしている〝新天地〟とはダム上流の奥地や大潟村の干拓地といった、とても呑みこめない条件だった。国策に表立って反対を言えない町当局としても、一九八〇（昭和五五）年、同盟会に一戸あたり平均八千万円の補償を示してみたが、同盟会は「補償金よりも具体的な生活再建案を示してほしい」と突っぱねた。

そして四年後の一九八四（昭和五九）年、町の川井ダム調査室は廃止、一九九六（平成八）年には建設省・県・町・町議会の川井ダム四者会議で、川井ダム事業の休止を宣言する。

以上が「川井ダム」のおおまかな経緯だ。

●「それでもダムは必要」

国家が、川井ダム計画に対して現在どんな見解を持っているのかを知りたいと思い、私は二〇〇〇年一月、当時の建設省湯沢工事事務所に質問状を送ってみた。ダムの規模や建設地・必要性を尋ねて返答を待ち、一カ月ほどして届いた回答には次の記述があった。

「（川井ダムは）以前より洪水調節施設の候補に考えていたものですが、調査（地形、地質、治水、環境）は殆ど進められておらず、利水についても自治体と計画を立案するものですが、意向を確認していない状況です。このようなことから、具体的に高さや容量などの緒元・効果等を算定できる段階にありません」

あたりやわらかい丁寧な物腰でつづられた文面に恐縮させられたが、これは要するに「なにも決まっていない」ということではないか。戦後すぐの大洪水を受けて建設が発表されてから半世紀以上も経つのに、計画の概要がまったくといっていいほど定まっていないとは信じがたい。堤高四七メートル、総貯水容量二九〇〇万トン。ボーリングも四本打ちこんだはず。反対期成同盟会長の「生活再建案を示してくれればいつでも移転補償交渉に応じる」との証言記録も残っている。

また前掲の『川井ダム――半世紀の苦闘』にも、当時の県や雄勝町がダム建設による経済効果を調査し、これを提示していた事実が書かれている。川井ダムは想像以上に進行していたのだ*。

*『川井ダム――半世紀の苦闘』によると、県はダムによる治水で二億八〇〇〇万円の被害軽減、約二千ヘクタールというかんがいの収益二八〇〇万円のほか、ダム湖観光収入や養魚収入を提示、雄勝町当局もダム湖周辺整備にかなり詳細なプランを策定し、同盟会に提示していた。国・県・町が三位一体となって同盟会の説得にあたっていたことがうかがえる。

これらと湯沢工事事務所の回答とは明らかに矛盾する。しかし回答書の方が正確なのであろう。そう、川井ダムは幻と消えたのだ。国交省としても、本音では川井ダムには触れてほしくない、いっそのこと「なかったことにしたい」のであろう。

一九四八年に発表された川井ダムという ダム事業は、すでに過去のものとなった。役内川と秋の宮川井地区の自然・文化は、ダム建設の魔手にからめとられることなく救われた。少なくとも川井ダムからは。

だが先の回答書にはこんなことも書かれていた。

「今後、洪水防御の観点から洪水調節施設は必要であると考えておりますが、地域住民の意見を反映し計画を策定してゆくこととしております」

役内川に洪水調節施設、つまりダムは必要ということである。川井ダムはあきらめてもよいが、ダムは必ずつくるというわけだ。そう遠くない将来、〝秋の宮ダム〟とでも名前を変えて、役内川に巨大ダム計画が持ち上がることになるだろう。

●肴沢ダム

川井ダムは休止となったが、役内川に計画があって着工寸前までいったことは疑いようのない事実だ。では成瀬川の「肴沢ダム」はどうか。川井ダムと同様、戦後の水害を契機に計画が発表されたにもかかわらず造られなかった、もうひとつの「洪水調節施設」である。

肴沢ダムと、現在計画が進行している成瀬ダムはどちらも東成瀬村に造られるダム計画だが、両者には根本的な違いがある。建設地だ。成瀬ダムは東成瀬最奥の集落・桧山台のさらに二キロ奥という、人里離れた場所が予定地なのに、肴沢ダムはその名から察するに、田子内《たごない》のふたつ上の集落・肴沢地区を流れる成瀬川中流域に造られるものだったと思われる。

ところがじつは建設地以前に、この肴沢ダム計画が、本当に存在していたかはっきりしないのである。

単純に考えれば、成瀬ダムの前身が肴沢ダムと想像できる。二〇〇一年一二月、とりあえず国交省に、先の川井ダムと同じ内容の質問状を送ってみたところ、一週間もたたずに返ってきた回答にはこう書かれていた。

「『肴沢ダム』についてですが、現在このダム計画はございません」

肴沢ダムの規模・場所・必要性などをこまかく尋ねたのだが、この一行で一蹴されてしまった。村の郷土誌や広報誌を調べてみても「肴沢ダム」の文字すら見つからない。戦後発表された雄物川治水計画の中で、成瀬川に計画されたダム事業はいったいどこへいってしまったのか。

肴沢ダムがその名前のとおり肴沢地区に造られるのだとすれば、すぐ上流の岩井川地区から手倉《てぐら》集落は水没することになろう。岩井川は、東成瀬村の中では村役場のある田子内についで二番目に世帯数が多い集落だ。計画が地元に伝われば大騒ぎになったはず。

岩井川のある村議に聞いてみると、「ダムを造るという噂はたしかにあった。しかし、われわれ住民に対する説明や補償などの話し合いの場が持たれたことは一度もない。噂のまま消えていったのではないか」と言う。別の古参村議も「そんな話があったかな、という程度だ」と話す。

地元の人ですら肴沢ダムについては、くわしいことをほとんど知らない。肴沢ダムは〝誤報〟なのかと思いはじめていた矢先、奥州さんから連絡があり、湯沢市の七十歳代の男性が、肴沢ダムについて知っているという報せをうけた。

●計画段階で消滅

湯沢市内のある建設会社に長く勤務していたその人は、昭和二〇年代に東成瀬村で従事していて、肴沢ダム計画が発表されたころの村の様子を細かく憶えているという。

「戦後の大洪水を機に、東成瀬村肴沢にダムを造るという計画が持ち上がり、地元の人たちの大きな関心を集めました。当時私は湯沢のY建設に勤めていて、仕事の関係で東成瀬に行っていたのです。肴沢ダムの話題は、現地では広く伝わっていました。しかし岩井川地区の人たちは、一様に反対という態度でした。そのため肴沢ダムは具体化することなく立ち消えになったようです。ボーリング工事などはもちろん、予備調査すらも行われることはありませんでした」

肴沢ダム計画が存在していたのは確かなようだ。しかし、鎧畑・皆瀬・川井の各ダムと違って、肴沢ダム計画は日の目を見ることなく、打診の時点で早々と霧消していったらしい。

ダムを造るとなれば、まず地元自治体や現地住民を説得しなくてはならない。初期の段階で住民の抵抗に遭うのはどこのダムでも同じことだ。それに対して事業主側は、ダムの必要性を粘り強く訴え、住民の理解と協力を得た上で、事業着手するのが民主主義のルールである。本当に必要なダムなら、いわんやそれが流域に暮らす人たちの生命と財産の安全を守る目的ならば、肴沢ダムは造られてしかるべきだった。

しかし国と県は肴沢ダム計画を取りやめた。反対に屈したからではない。理由はひとつ。肴沢ダムは不要だからだ。計画を定めた国と県が、その必要性をあとになって覆したにほかならない。国と県がいつ、どの段階で肴沢ダムを中止したかは不明だが、肴沢ダム白紙撤回を決断した役人の感覚はすこぶる健康的だったといえるだろう。玉川ダムかさ上げ建設を強行・指示した役人の犯罪的感覚に比べれば。

ただ、もしダムが肴沢地区に計画どおり建設されていたら――と仮定してみる。それは国交省のめざす雄物川治水事業にどんなに貢献していたことかと思う。ダムの規模にもよるが、成瀬川流域の半分以上をカバーし、下流におよぼす洪水抑制の要として大きな力を発揮しただろう。流域の中に、栗駒山はもとより、大柳地区の東山《とうざん》、合居《かっきょ》川の源流である焼石岳・三界《さんかい》山・大森山など、村内の標高一〇〇〇メートル超の高山をすべて網羅し、広大な流域面積をいただくことになるからだ。その治水効果は成瀬ダムの比ではあるまい。逆から言えば、成瀬ダムのごときは、肴沢ダムよりもはるかに必要性・緊急性の希薄なダムということになる。しかし国や県は、成瀬ダムの非効率をいまだ認めようとせず、建設に向かってまい進し、そして東成瀬村はこれを全面的に受け入れているのが実情である。

学びや

●風に落ちた看板

二〇〇一年三月、うず高く積もった雪の壁が、陽光のもとで無限の白さに輝いている。東成瀬村立大柳小学校は春を迎えていた。内壁を紅白の垂れ幕で覆った体育館で、ささやかな卒業式が行われている。校長先生が、椅子に腰掛けた中学の制服姿の女の子の名前を読み上げ、静かに語りかけた。

「ここ大柳小学校の最後の卒業生として、誇りを持って、しっかりと歩いていってください」

卒業生はひとりだけだった。見守る在校生の児童も先生方もみな泣いていた。

「大柳小での六年間、数えきれないほどの思い出をつくることができました。その思い出を胸に、私は中学校でもがんばります」

晴れやかに答えた彼女は、大柳小最後の卒業生だ。在校生は九人、職員数八人。空席のめだつ来賓席には村の関係者や子どもたちの父兄など三十人ほどが集まった。

大柳小学校卒業式の朝。2001 年 3 月。

雲ひとつない青空とまばゆいばかりの雪の山。地鳴きのホオジロがさえずりに変わったこの日、栗駒山にほど近い小さな学びやにやさしい風が吹き抜けた。大柳小学校百十七年の歴史に終わりを告げる、南風だった。

東成瀬村には、大柳小を含めて四つの小学校があった。いずれも百年を超える歴史を刻んでいた。大柳小はその中で最奥に位置し、栗駒山のすそ野にあって自然豊かな学びや、一八八三（明治一六）年の創立以来地域文化の担い手として、集落を引っ張ってきたのである。最盛期には九〇人を超える児童がいたが、山村の過疎化の波に児童数も減少、他の三校とともに閉校を余儀なくされた。

校長先生は「できることならつづけてほしかった。ここで定年を迎えたかった」と胸のうちを明かした。運動会も学芸会も最後ずくめとなった二〇〇〇年度の児童は一〇人。兄弟姉妹のように仲良しだった子どもたちは、四月から田子内の統合校にスクールバスで通っている。

児童も先生もいなくなった校舎は、荒れて朽ち果てゆく運命なのか。「未来に輝け大柳っこ!」「笑顔と感動と想い出を」「ありがとう大柳小学校」と書かれた手づくりの三枚の看板。その真ん中の「笑顔と感動と想い出を」の一枚が風で落ちても、校舎の横に置かれたまま、だれももとに戻そうとはしなかった。

●仁郷分校

旧大柳小学校の学区は、地域を流れる成瀬川に沿って下流から谷地《やち》・天江《てんごう》・大柳・草ノ台・萱ノ台そして桧山台の六つの集落からなる。東成瀬のもっとも奥に、およそ七キロにわたって点在しており、ほぼすべての家庭で農業を営み、県下でも指折りの豪雪地帯にあって過酷かつ豊かな自然を舞台に数百年の時代を歩んできた。

最奥に位置する桧山台については一六ページ以降でも触れたが、そのさらに奥、広い萱野を過ぎて北ノ俣沢に架かる仁郷橋を渡るとまもなく左手に現れる草地にも、かつて人々の生活の場があった。

雪の仁郷（撮影＝奥州光吉）

旧仁郷集落。営林署の担当区（事業所）が開設され、方々から集まった作業員たちの集落である。作業員たちは家族をともなって、ここでの新天地生活を送った。作業員家庭の子どもたちは、仁郷事業所青年学校（東成瀬中学校・大柳小学校仁郷分校の前身）で勉学を学んだ。へき地五級という、もっとも奥まった等級が割り当てられた分校である。

この仁郷分校へ、一九五六（昭和三一）年一二月に冬季要員として赴いた湯沢市の宮原道俊さんが当時を振り返る。

「昼過ぎに家を出て、校長とともにバスで東成瀬に向かいました。岩井川に校長の自宅があり、一泊させていただいて、翌日ふたりで仁郷をめざしたんです。本校のある大柳からは一面真っ白、教師としてはじめての勤務地はこんな山奥なのかと思いました。

桧山台のＰＴＡ会長宅で休息をとり、仁郷分校に着いたころはもう日が暮れていました。ただただ疲れた」

桧山台と違って仁郷は、山仕事を求めて村内外から集まった林業作業員とその家族で構成されているが、宮原さんの勤める分校には桧山台の子どもたちも通っていた。

「ひと晩に私の背丈ほども雪が積もる。広大な台地に、分校・事業所・倉庫そして各家庭の平屋が肩を寄せ合うように並んでいました。作業員家庭の屋根からは薪ストーブの煙突が出ていて、てっぺんに表札がくくり付けられている。建物はすっかり雪に埋まっていて、外からは屋根しか見えないんだから。

仁郷では、子どもも大人もたくましく生活していました。勉強のほかには子どもらと相撲をとったりゲームしたり、電気の通じていない月明かりの下でダンスを踊ったり。春先には集落総出でウサギ狩りをしました。また、桧山台から通う子どもたちがワシ（表層雪崩）に巻きこまれる騒ぎには、私も助けに駆けつけました」

●桧山台分校

須川高原のブナは二十年余りで伐りつくされ、一九六二年に営林署の仁郷事業所は閉鎖、分校も役目を終えた。良質のブナがもたらしたうたかたの日々は仁郷の土へと還っていったが、桧山台の子どもたちのために仁郷分校が桧山台に移転する形で、冬季のみだった桧山台分校が通年型へと生まれ変わる。

湯沢市の雄勝《おがち》地区に住む菅《すが》感一郎さんは、一九七一（昭和四六）年春、東成瀬中学校教諭として新採用され、この桧山台分校へ赴任した。

「朝七時ころに家を出て横堀駅から汽車に乗りこみ、途中で一緒に赴任する他の先生方と合流し、十文字駅で下車。そこからバスで終点の大柳に着きました。あの年は例年にない少雪だったので、大柳から桧山台までを、大柳小の先生の車で送っていただいたんです。春先に桧山台まで車で行けるなんて、あの当時は本当に珍しいことです」

新採用の教諭の初勤務地がへき地であるのは当たり前の時代だったが、桧山台は知る人ぞ知るへき地四級。むろん菅さんは抵抗など一切覚えることなく前向きに臨んだ。

「他の先生では容易でなかったかもしれないが、私自身、幼少のころから山里での生活を送っていた。自炊にも学生時代から慣れていましたし」

当時桧山台分校に通う中学校生徒は、三年生まで十人あまり。

「半年も雪に閉ざされる桧山台で、私は通常の授業のかたわら、学生時代から心得のあった柔道を子どもたちに教えました。屋外での球技もやりましたが、少人数で屋内でもできる運動としては、当時では画期的だったと思います。授業が終われば先生方みんなで夕食づくり。そのおかずにと私は放課後、釣り竿をかついで車で北ノ俣沢へ行き、イワナを釣ってくるんです。大漁に釣ってくれば同僚たちに大いに喜ばれたものです。

冬場は集落の男衆が出稼ぎに行くため、私もなにかと頼りにされていました。男子生徒がスキーで骨折し、私が背負って吹雪の中をカンジキはいて大柳まで下りて行ったことも。数メートル先も見えない猛吹雪の中、一歩間違えば命を落とす崖っ淵の難所を、集落のおばさんの先導で必死の思いで雪をかき分け、無我夢中で歩いた日のことが忘れられません」

桧山台分校は、任期を終えた菅さんが去ってから五年後の一九七九(昭和五四)年、廃校となる。

「数年前、家族と一緒に桧山台へ行く機会があり、およそ三十年ぶりに分校を訪れました。なつかしい建物はまだ残っていたものの、すっかり朽ち果てていた。私は自分の青春時代を過ごした校舎をただ淡々と見つめるばかりだったが、いまは亡き母が、このいまにも倒れそうなオンボロ校舎が息子の最初の職場兼住まいだと知って、呆れかえったような表情で感心していたのを憶えています」

●村の雇用事情

ある年の秋。村内の国道脇の栗林でふたりの女の子が栗拾いに興じていた。

小学五年のNさんと三年のMさん。日暮れの早い秋口は、学校から帰ると宿題もせずに外へ飛び出し、暗くなるまで栗の実拾いに没頭する。NさんもMさんも農家の子だ。村の子どもは小学生時分から家の仕事を手伝うが、村内ではどこの農家も今年の作業を終え、農閑期に入っていた。

Nさんが、ポケットいっぱいに詰めこんだ小粒のヤマグリを見せながら言う。

「お父さんは生のまま食うよ。その方がうめえんだど」

刈り払いのされていない藪の中は、子どもの背丈以上に葦が伸びている。ふたりはその中を走り回り、栗を見つけてはイガを器用に取り除きながら実を集める。あどけない笑顔でNさんが話す。

「あ、んだんだ！　お兄ちゃんの就職が決まったの！」

麓の町の高校に通う三年生の兄の、卒業後の進路が決まったのだという。農業と林業、スキー場や温泉観光以外に産業のない村で暮らす一家にとって、大きな慶事であろう。Nさんの父親は、所有の田畑での農業のほか、村の田子内にある民間企業の工場に勤める腕のいい職人でもある。一家は安泰のはずだった。

しかしNさんの父親は、まもなく失業の憂き目にあう。工場が閉鎖したのだ。湯沢市の稲川地区に本社のあるK社が、各地で操業していた工場を軒並み閉めだしたのだ。K社の東成瀬工場は、人口三千人の村の中では民間の中核企業として最大の柱だった。従業員も多いときで百人を超え、大半が村民の雇用で成り立っており、マイクロバスが村内を従業員の送迎に回る光景は、ここ何年来の朝夕の風物詩だった。

K社の東成瀬工場は、末期には従業員数が三十人ほどまで落ちこんでいたにせよ、最盛期に百人もの人材を引き受けていただけに、冬場の出稼ぎなどで村民の流出を食い止めたい村にとって、どれだけ心強い存在であったかはかり知れない。

K社としても東成瀬村の労働力は大きな戦力だった。ある社員は言う。

「東成瀬の人たちはまじめであるのは言うまでもないが、みんな優れた腕の職人ばかりだった」

最後まで勤めていたNさんの父親ら二十数人は解雇となり、農業のみの肩書きで新年を迎えた。

かつて百人もの雇用を生み出していた工場が、段階的に従業員を減らし、最終的に閉鎖に追い込まれ三十人近くの村民が一度に職を失うのは、村にとって前代未聞の出来事である。すべてが練達の職人であり、なんの瑕疵もない、労働者の鏡のような人たちだ。村はぜひとも工場を存続してほしかったろう。

だが全国的な不況の流れと村が無縁でいられるはずもない。海外の安くエネルギッシュな労働力に雇用主が注目するのも、業種を問わず全国的な傾向となっている。

村から離れたがらず、しかし思うような仕事にありつけない村民の不満は、ちょっとしたことで爆発する。

ある年の冬、村の職員が酒気帯び運転の不祥事を起こしたのに対し、村はこれを停職一カ月という処分にとどめた。直後から村のホームページ（HP）掲示板に書きこみが殺到する。その多くは村民の投稿とみられる。いくつか引用してみよう。

「職員が、飲酒運転で捕まったことへの処分が魁新聞に掲載されましたが、その内容はずいぶん甘いのではないでしょうか」

「この不景気の中、リストラでなかなか定職につけず明日の暮らしにも困る方が多い中、役場職員といえば、そんな不景気もまったく関係なく、いたるところで飲んでいる姿を見かけます。それだけでもうらやましいと思っているのに、飲酒運転をしてこれくらいの処分にとどまるようだとますますうらやましいと言うか、くやしい気分です」

「役場職員の給料は税金で支払われているはず。納税者に対して一言のお詫びもない。……この程度の処分では税金を納める気がしない」

といった具合。不況とは無縁の公務員に対するやっかみが見え隠れする内容だが、不況の波にいつリストラされるともしれぬおびえが、村民に絶えずつきまとっている証しといえよう。

村民が安心して暮らしていくには、経済的な自立が欠かせない。しかし村内には働き場所がない。出口の見えない不況の中、村から出たくないのに出ざるをえない村の若者。高卒後は多くが村外に就職口を見つける。東成瀬村だけに見られるケースではないが、人口三千人強の小さな村にとり、若者の雇用の確保は永遠のテーマである。

単独立村

●「成瀬ダムがあるから」

ある教育関係者からこんな話を聞いた。東成瀬村の合併問題にからみ、早くから自立を宣言して周辺町村との合併協議会に加わろうとしない村の先行きを、会議の席で村の有力者に尋ねたところ、こんな答えが返ってきた。

「成瀬ダムで金が入るから大丈夫だ」

「平成の大合併」のかけ声のもと、総務省の陣頭で全国の市町村いっせいの〝リストラ〟が開始された。二〇〇〇年一二月一日に閣議決定された行政改革大綱で、全国約三二〇〇ある自治体を三分の一以下にすることが決められたのだ。「市町村の合併の特例に関する法律」（合併特例法）自体は一九六五年に制定された古い法律で、一九九五（平成七）年の改正で特例措置が拡充、合併する自治体には合併特例債などの交付税が支給されるが、期限を二〇〇五年三月三一日までと区切られた。

東成瀬村は二〇〇二年六月に合併対策本部を設置、合併後の村の行く末がいかなるものであるかを細かく検証する作業に入る。合併した場合としない場合とのメリット・デメリットを量りにかけるわけだ。

前述のとおり、特例債期限の二〇〇五年三月三一日までに合併を県知事に申請すれば交付税が保証され、かつ合併特例債による建設事業の予算も確保できる（過疎債の適用も継続可能）。つまり人口三千人余りの過疎にあえぐ東成瀬村にとって、合併はよいことずくめの〝打ち出の小槌〟にあたる。こうした「利点」を、村は広報誌やホームページを使って村民への周知を図った。

一方では、合併に不安を訴える声も村民の間から出はじめていた。役場が遠のくことで行政サービスやきめ細かい配慮が不行き届きになるのではないか、村が中心部から疎外され取り残されるのではないか、各集落ごとの行事や文化も廃れていくのでは、と。

二〇〇二年一〇月から一一月にかけて、村内一〇カ所で開かれた地域座談会では、わが村はどうなるのか、といった漠然とした不安が村民の間に広がっていることをうかがわせた。翌年に行われた二度目の座談会でも「急いで合併する必要はないのでは」「合併しないほうがよい」と、合併反対の意見が大勢を占めた。

そして村は、二〇〇三年二月に村内十五歳以上を対象にアンケートを行い、回収率九四・六五％のうち合併に「反対」を表明した村民が五〇・一％（賛成は約三〇％）という結果を得た。

アンケート結果を受けて、佐々木哲男村長は三月二〇日、湯沢雄勝一市五町村による任意協議会への参加を断った。村議会もこれを支持し、同様に皆瀬川流域五町村の任意協参加も拒否した。人口三千人余りの村が、のどから手が出るくらいほしいはずの合併特例債を蹴って、自立の道を歩み出した歴史的出来事である。

県は、総務省のお達しで合併を推進する立場である以上、これに従わない自治体に対し「自立計画」の提出を「要請」した。村はこれを容れて、協議会不参加（自立）表明後、県に「まちづくり計画」の素案を提出する。

東成瀬村の「まちづくり計画」を県側がどう分析し、村へどう伝え、村が県の難癖をどう躱したかはわからないが、ほどなく村長は広報誌で「（県の）理解が得られたものと最終判断をいたしました」（二〇〇三年一二月号）と述べ、あらためて単独立村の決意を表明する。

村民・議会・首長が一丸となって自立を決めた村の「まちづくり計画案」は、村はこれからこう進んで行くのだという未来絵巻。小さな村が未来をめざして航海する船の、いわば羅針盤と海図だ。それはどんな内容だろうか。

村が県に提出したという「自立計画」、すなわち「まちづくり計画（素案）」を、村は二〇〇三（平成一五）年一〇月に座談会の資料として村民に配布してある。その中身を見てみると、村職員の削減、村施設推進管理費の削減などのほか、平成一五（二〇〇三）年度予算一〇〇〇円という団体補助金まで削減を検討するという涙ぐましい倹約計画がつづられている。歳出額は一五年度分の四九億三三〇〇万円から、平成二九（二〇一七）年分は二二億九二〇〇万円へと、半分以下に圧縮するのだという。

一方、村の収入となる歳入は、平成一五年四九億五三〇〇万円から平成二九（二〇一七）年二三億〇二〇〇万円へ。歳入の目玉が「成瀬ダム」である。村有地の国への売却による収入を二〇億円と見込んでいるのだ。冒頭に書いた有力者氏の「成瀬ダムで金が入るから大丈夫だ」のひとことがよみがえってきた。

二〇〇三年三月に村が任意協への参加を断った時点で、佐々木村長は自立を模索する上で財源の確保の見通しを問われると「建設中の成瀬ダムに関わる補助金を頼りにしているのではない」（二〇〇三年三月一三日付『秋田魁新報』）と報道で語っていたが、すでにその半年後には「成瀬ダムがあるから村は合併しないですむ」と公言してはばからなかったそうだ。

●一蓮托生

東成瀬村は名をとった。成瀬ダムと一蓮托生に。

東成瀬の村名が消えずに残ることは私もうれしい。名は村そのものであり、ふるさとを大切に思う郷土人の誇りたる象徴であり、村民であるなしにかかわらず、だれもが共有できる心のよりどころであるからだ。

村の名前があれば地域も、脈々とつづいてきた文化を継承する足がかりを失わずにすむ。村名が消えて「秋田県○○市田子内」となったとき、人々の心の奥底に虚《うつ》ろ空いた疎外感を、村民は強く恐れた。地域が滅びる道へつながるのではと、先行き不透明で薄暗いおぼろな未来におびえた。村の灯を消したくない――そう願った村人の心情は、合併を推し進める県の担当者には未来永劫、理解されないであろう。

しかし、村の名を残す代わりに成瀬ダムを利用するのは悲しい。村の名が消える悲劇を避けるためとはいえ、村は成瀬ダムとの訣別という道を閉ざしてしまった。

村が綿々と生き長らえてきた底流には文化があり、その礎には自然があった。自然を母体に文化が生まれ、その文化を人々が磨きをかけてきた。戦前戦後、大恩あるはずの自然にダメージを与え、甚大な爪あとを残したけれど、村は自然に対する畏怖を忘れたわけではなかった。畏敬の念を近年ふたたびよみがえらせようとした（須川高原の自然は、時間さえかければ物理的には復元可能な状態である）。自然に目を向けはじめたのに、である。

村が生き残りの切り札とする成瀬ダムは、その自然を完璧に再生不可能にする。須川高原の原生林皆伐どころではない。玉川ダム一〇基分、森吉山ダム二基分をも超える巨大なコンクリート構造物で清流を分断し、手つかずの森を人造湖に沈めてしまうのだから。

東成瀬村は、村民一丸となって自立を選んだ。その根元には成瀬ダムという巨大公共事業が横たわっていた。成瀬ダムが発する甘い蜜を吸い、村は枝葉を青々と繁らせてゆく。だがその蜜には毒が混じる。

村が自立の道を探るさい、広報誌には合併をめぐる村と村民の動きがこと細かく書かれている。

「資料の提示を徹底して行い、地区座談会を三回に分け延べ二四回、六九三名の参加を得たほか、各種会合での資料説明を一〇回以上開催してきたところです」（二〇〇三年一二月）

成瀬ダムを造ることで失われる自然――再生不能となる自然――がいかなるものであるかということと、ダムによるマイナス材料――文化的・精神的損失――の「資料の提示を徹底」しておけば、あるいは違った決断がされていたかもしれないと思うと、「いずれ、歴史が判断することになろうと存じますが……」という村長の、滅びの道を突き進む悲壮な決意ともとれる言葉に胸がふさがるのである。

●ミステリー・サークルと監視カメラ

二〇〇一年十一月のこと。奥州さんは、成瀬ダム建設地の山中を、尾根伝いに調査しようと登山をはじめた。沢から山腹にとり付き、一五分ほど登ったところで、凄惨な光景に出くわした。

「稜線に立っているアカマツやブナ・トチが伐採されていたんです。伐木は現場に横倒しに放置されたまま。生木を伐った直後の、製材所のような臭いがあたりに立ちこめていました」

奥州さんの案内で現場へ行ってみると、そこはおよそ三〇〇平方メートルの範囲で、直径一メートルに達する巨木はもちろん、若木・幼木もろともすべてなぎ倒されていた。

葉が青々と茂っている季節は日の差す時間も少なく、決して強固とはいえない地盤のピーク部分を、太古の昔から守りつづけてきた巨木・壮木の数々が無残な姿をさらしていた。あるものは無造作に横たわり、あるものは谷底へ蹴落とされ、百近い年輪を刻んだ伐り株はむなしく天空を仰いでいた。

アカマツの伐り株を手で触れると、しっとりと湿っており、地中より吸い上げた水分を枝葉へと導く力を残している。香りをかぐとみずみずしい木の匂いが鼻腔をくすぐり、耳を当てるとゴーという沢の音がかすかに伝わってくる。この木はまだ生きている。百年生きてきた木の人生をものの数分で断ち切られた不条理を必死に訴えている。

アカゲラの声が聞こえた。

森の中に突如出現したこの〝ミステリー・サークル〟は、言わずもがな国交省の所業である。奥州さんは三〇カ所ほど確認したという。国交省によればこの伐採は、ダム湖の水面の範囲の測量を、人工衛星を使って行うさいに必要な基準点を地面に取り付けるための伐採だとのことだ。伐採地の一角にそれとおぼしき、四角いコンクリートますが埋めこまれている。その大きさは碁盤ほど。

尾根のピーク部分を根こそぎ伐採

この程度のプレートを設置するのに、校庭なみの広さで樹木を伐り倒す必要があるのだろうか。「見通しの悪い二六カ所で樹木を伐採した」と国交省は言う。中には伐採範囲が八〇〇平方メートルに達したところもあるという。その多くはこうした手つかずの自然のただ中だ。わけてもこの現場は急峻な谷を形成する尾根である。樹木を伐ってしまったら、表土をがっちり押さえていた根っこも数年から十数年後には腐り、表土が流出して山崩れが起きやすくなることくらいわからないのだろうか。

伐木はほぼすべてが現場に遺棄された。苔むし朽ち果て土に還るまで、キツツキが餌を探しキノコが実る年月を送る羽目になった。


その翌年の二〇〇二年秋、やはりダム予定地の山中で、奥州さんは奇妙なものが土に埋まっているのを見つけた。黒い樹脂製のパイプで、太さは直径一〇センチはあろうか。ダム関連の地質調査があちこちで行われ、ボーリング工事も始まった矢先のこと。機材や重機の冷却水でも引いているのかと思った。

パイプをたどってみると、パイプの中からケーブルがのぞき出し、やがて一本の立ち木にとりついた。その木の幹にはアンプがしがみついており、さらに上方にカメラが設置されていたのである。カメラが見つめている先には猛禽クマタカの巣があった。距離およそ数メートル。

「クマタカ営巣の一部始終を観察するためのカメラだったんです」

通常、クマタカやイヌワシなどの希少種を観察する場合、巣から一定の距離をおいた定点にブラインドやミニテントを張って、双眼鏡やフィールド・スコープにより、ワシタカの動向や飛行範囲、繁殖・採餌行動を記録する。中でも子育てなどの繁殖期は、対象に極力ストレスを与えないよう細心の注意を必要とする。ワシタカ類は十一月ころよりそうした行動に入るのである。

　それが、まるでさながら不審者を監視する防犯カメラのようなレンズを、これといったカモフラージュもせず至近距離で取り付ける神経には呆れかえった。現場の写真をみた岩手県西和賀町のグリーンベルト推進連絡協議会代表・瀬川強さんも「私がクマタカだったら嫌ですね」と嘆息する。

　成瀬ダムに係るワシタカ調査委員会は鳥類専門のエキスパートが顔をそろえており、尊敬すべき人物もいるだけに、いささか信じがたい心境にとらわれた。このカメラ設置には、調査委の中にもカメラ使用の有効性やクマタカの被威圧感など、疑問を呈する意見が出たものと思われる。だが現実にカメラは氷のような冷たい目でクマタカの巣をにらみ付けている。

　この年のクマタカ繁殖は、くだんの巣では確認できなかったと、後に国交省は発表した。

成瀬川源流行

●田舎暮らし

二〇〇四年七月。アスファルトもトタン屋根も出穂期を迎えた稲も、天から降り注ぐ強烈な日差しのシャワーにうだるような熱気を帯び、アブラゼミやヒグラシの多重奏が山と里をまんべんなく覆いつくす。

十文字で拾った奥州さんを乗せて、車は東成瀬村五里台の杉山さん宅へ着いた。薄汚れた帽子に作業着姿の彰さんが出迎え、あとから奥さんのあおいさんが、長女の春ちゃんを抱きかかえて現れた。

「樋渡さん予定どおりだね、奥州さんも久しぶり」

あおいさんが声をかける。

「あおいさん、準備できてる?」と私が尋ねると、

「うん、もうばっちり」

「じゃ、さっそく行きますか」

きょうは、このあおいさんと奥州さん、そして私の三人で成瀬川源流・北ノ俣沢の沢登りである。

「気をつけて行ってきてください。土産話を楽しみにしています」と彰さんが送り出してくれた。春ちゃんに「お母さんちょっとだけ預かるからね」と私は言い残し、車を発進させた。

杉山さん夫婦は一九九九年に埼玉からここ東成瀬に移り住んだ。七〇アールほどの田畑と二百羽からなる養鶏で生計を立て、一頭のヤギを飼っている。杉山さんは大学卒業後、埼玉で農業に従事していたが、田舎での暮らしにあこがれ、あおいさんとの結婚を機に移住し、新たなる生活にのぞんだ。

しかし埼玉での農業経験は、秋田県下屈指の豪雪地帯ではほとんど役に立たずゼロからのスタート。試行錯誤の連続と周辺近所のはげましで、自給自足の生活も軌道に乗りつつある。二〇〇二年の四月には春ちゃんが誕生し、東成瀬こそ自分のふるさとと、日々奮闘している一家である。

秋田弁を積極的に憶えながら専業農家として足場を固め、身も心も村民になりきろうと心に決めて五年。自分たちをとりこにした村の自然散策は、この時期沢歩きをおいてほかにあるまい。学生時代ワンダー・フォーゲル部でならしたあおいさんがとびつき、彰さんは春ちゃんの面倒を見るため留守番ということになった。

●緑のダム

桧山台を過ぎて車は萱野にさしかかる。上空は雲ひとつない紺碧のドームだ。のどかなアオジの声をダム地質調査ボーリング機材のエンジン音がかき消す。北ノ俣沢入渓口に通じる林道で伐採作業が行われていて、後に道路を拡幅すべく整地された路肩の畦に木わくが食いこまれていた。

森の中に突入し、窓を開け放した車の中に冷気が舞いこんでくる。サワグルミとミズナラが葉を最大限に広げて太陽の恵みをもらさず受け止めている。林道終点に到着した。車の周りにはわれわれの吐き出す炭酸ガスに誘われて、無数のツナギ（アブ）が羽音も立てずに寄り集まってきた。盛夏の森の空気がすがすがしい。

おのおのタビシューズや沢靴にはきかえて入渓。成瀬川源流に小気味よい水音を立てていく。

「冷たくて気持ちいい」とあおいさん。垂直に切り立った両岸の断崖は見上げるような高さ。午前の日差しが木々の幹や枝葉を照らし、深緑が絶妙な光沢を放って目にしみる。二日前に大雨が降ったので水量がやや心配だったが、浅瀬と中州と淵の混在するこの源流域は多様なルートを遡行者に提供してくれる。ときに危険でときにやさしく、スリルとバラエティーあふれる天然のレジャー施設である。ディズニーランドなどのテーマ・パークのごとき人工施設とは次元が違うのだ。

「きょうはすごい水がきれいですね」と奥州さんが話す。「水量は？」と訊くと「いづもど変わらないよ」。二日前の大雨は、ここ北ノ俣沢にほとんど増水も濁りももたらしておらず、両岸の岩の裂け目や苔の生え際から、しびれるくらい冷たい清冽な泉を湧き出させ、本流へ供給している。

森林に降った雨は、①蒸発するもの、②地表を直接流れ出るもの、③地中に浸透するものの三つに大別される。③のケースを抽出すると、降雨の地中への浸透性を「浸透能」という言葉で評価できるが、広葉樹の天然林、中でもブナの森の浸透能はスギなどの比ではない。地表を埋めつくす落ち葉、それらが形成した腐葉土層の厚み、地中生物の営みが健全な森にしみこむ雨水や雪解け水は、地下水となるか植物の養分として吸い上げられるもの以外は、川へ戻るまでに長い場合で二〇日もかかるという。おととい降った雨は、気化蒸発した分や地表を伝って川へ直接流れた量以外は、まだ地中の入り口付近に貯留されたままで、それらが成瀬川の水として北ノ俣沢に還元されるまでに、あともう二週間以上もかかるという理屈だ。それまで分厚い腐葉土が濾過し、ミネラルをたっぷりと含んだ恵み豊かな一滴となることだろう。まさに「緑

ダム建設で水没する渓谷。北ノ俣沢。

のダム」である。

●水没する沢

それにしても、なんという美しい森か、渓谷か。名もない小さな沢からほとばしる水が木漏れ日に乱反射し、小粒の宝石となってきらめき落ちてゆく。沢水は岩盤に白く扇形の滝を彩り、水滴の微粒子が虹のアーチに輝く。ときに吹き抜ける風の涼しさに、アブに刺された痛みもどこへやら。光あふれる河原とは対照的な両岸のうっそうとした森は、まるで精霊や妖怪の息づかいが聞こえてくるよう。あちこちに咲き誇るオカトラノオの白さやサワギキョウの紫に見とれ、しみ出る泉にのどをうるおす。あおいさんの足もとに大イワナの黒い影が猛スピードでくるくると輪を描く。

成瀬川源流、桑木沢の滝

「イワナがあおいさんを歓迎しているよ、なんか話しかけてみたら」

目にもとまらぬ速さで動き回るイワナを、あおいさんは困ったような笑顔で見守っていた。

「本当にきょうは水がきれいだなあ」と奥州さんは感心することしきり。北ノ俣沢は荒倉沢と桑木沢に分かれる。右手になだらかなナメが広がる桑木沢へとルートを移す。岸がややせまく険しくなり、おどろおどろしい淵がいくつも待ち構える難所だが、かつてはこの奥に鉱山があったという。深山に囲われ作業に従事していた鉱夫たちの生活や、往来の道中の難渋さに思いを馳せ気が遠くなる。

桑木沢が唐松沢と分岐する地点にたどり着いた。右手の唐松沢を横目に、左手の桑木沢をさらに遡行する。回廊状のせまい谷底、ゴゴゴと地鳴りのような音をたてて、急流がいまにも噛み付いてきそうな流れに倒木が横たわり、それを橋にしておっかなびっくり歩いていく。あおいさんや奥州さんの足の運びは実に軽快だ。写真を撮りながらとはいえ、ふたりについていくだけで私は精いっぱいだった。そのふたりが立ち止まった先に一羽のシノリガモ。突然のちん入者にドギマギしながら淵を動けずにいる。メスの幼鳥らしい。奥州さんが「どっからきたの？　お母さんは？」と声をかけていた。

彼女を刺激せぬように淵を巻いて、奥州さんが「着ぎました、あの滝です」と指した方角に、幅広い形の整った滝が、水のカーテンを無限の営みのごとく、夏の光にきらめかせていた。

●「すばらしい湖」

成瀬川源流、秘境中の秘境だ。とくに名付けられていないこの滝は、成瀬ダムが完成し湛水しても水没はまぬがれるが、ここまで今回は二時間半を要したのにダム湖をボートで移動すればたやすく訪れることができる。北ノ俣沢が消失するからだ。

国交省の成瀬ダムPRパンフレットを見れば、可愛らしい女の子のキャラクターが「すばらしい湖ができるのネ！」とダム湖のイメージづくりに余念がないが、成瀬ダムの目的はべつに「すばらしい湖」をつくることではない。ダムの大義にそんなものはない。すばらしいのはいまあるこの自然であり、生態系であり、それと関わってきた人々の暮らしである。人間をはじめ、あらゆる生き物をはぐくんできた、太古の昔から悠久のときを隔てていまも変わらぬ森羅万象の摂理である。それらを水底に沈めておいて出現する湖を「すばらしい」という感覚は、厚顔を通り越してグロテスクというよりほかない。

ではこの渓谷が、森が破壊されたあげくに巨大な人工貯水池と化したらどうなるだろう。イワナの産卵床も虹立つ滝もオカトラノオの揺らめきも、すべてがヘドロの堆積物に覆われ、二度と日の目を見ることもなくなるだろう。イヌワシのえさ場もクマタカの止まり木もしかり。行く当てのない彼らはさまよいつづけ、子孫を残せぬまま死に絶えるだろう。人々はさらなる自然を求めて、めったなことでは行けなかった奥地へと押し寄せるだろう。ダム湖を観光資源にとつまらぬ施設が湖畔に立ち並ぶだろう。薄気味悪い外来魚で金儲けをたくらむ環境テロリストが暗躍し、ダム湖にブラックバスがゲリラ放流され、成瀬川源流域の内水面は阿鼻叫喚の地獄絵が展開されるだろう。そして、かつて本当に「すばらしい」自然があったことは、人々の心から忘れ去られるだろう……。

谷の空気を支配する滝のごう音。その噴きあがる飛沫が涼風に乗って、日焼けに火照った私たちの頬をやさしく癒す。あおいさんが沢の水で淹れてくれたコーヒーの美味しさよ。

能恵姫の涙声

●栄淵から赤滝へ

一八一四年（文化一一）年に菅江真澄が桧山台を基点に栗駒山へ向かったことは一六ページに書いた。その中で真澄が詠んだ「いくちしほ染る紅葉の影おちていとゞいろこき赤滝のみつ」の短歌にある赤滝について、少し詳しく触れておきたい。

成瀬ダム完成によって水没を余儀なくされる赤滝は、国道をはさんで仁郷台地の反対側、砂利道を一〇分ほど下りたところにある。落差も幅もさほど大きくはない。ここもかつては栗駒国定公園であった。滝のたもとには赤滝神社が祀られ、河原への降り口に、旧仁郷集落を灯した発電施設の名残りと思われるコンクリートの四角柱が残っている。

真澄が訪れた時代、雨乞いの神として崇められる赤滝は独特の趣だった。簡素な造りの鳥居群（現在は鳥居はひとつ）に導かれていった真澄は、「赤滝明神坐《ませ》り」と記し、赤い岩盤を流れ落ちる水の輝きと木々の紅葉との調和を称えた（駒形日記）。当時の面影をいまに伝え、素

成瀬ダム建設で水没する赤滝

朴なたたずまいが郷愁を誘う赤滝神社の起源を訪ねるに、切なさの香りたつ、ある美しい少女の物語の世界にたどり着く。

●能恵姫物語

一五七三（天正元）年、岩崎城主の十六歳になる娘・能恵《のえ》姫は、川連《かわつら》城へ嫁ぐ日に城下を流れる皆瀬川の栄淵《さかりぶち》に呑まれ、帰らぬ人となる。姫は幼い日の約束を果たすため、栄淵の大蛇の妻となることを決意し、水を司る龍神へと化身したのだった。姫を奪われた川連城では因果を嘆き悲しみながらも、姫の霊を弔うべく龍泉《りゅうせん》寺を建立した。……

湯沢市岩崎地区と川連地区に伝わる伝説・能恵姫物語である。岩崎城址千歳公園には能恵姫を祀

赤滝神社

菅江真澄が描いた赤滝（秋田県立博物館所蔵）

る水神社があり、広場の一角には能恵姫の石像。川連龍泉寺には能恵姫の位牌と掛け軸が置かれている。公園の石像は、数え十六の少女が見ればむくれそうな容姿だけれど、郷土の文化の象徴として、永く語り継がれることだろう。

しかし能恵姫はすでに栄淵にいない。一九四〇（昭和一五）年発行の岩崎町郷土史には、赤滝の写真とともにつぎの記述がある。

「哀しくも美しい能恵姫の淵に誘はれた話も昔語りとなつた正徳年中、水上の鑛山から流される毒水に耐へかねて、サカリ淵の龍神夫婦は、川をのぼりものぼつたり、仁郷赤瀧まで遡つて其處を永住の地と定めたといふ」

いまから二八〇年余り前、能恵姫と大蛇の龍神夫婦は成瀬川をはるか遡り、赤滝をついの住みかとしていた。成瀬川・皆瀬川流域をたびたび襲った洪水や水不足は、赤滝の神が司ると信じられてきた。水が出れば量を治めるべく、水不足の折りには雨乞いの願をかけるため、人々は成瀬川を上流へ歩きとおし、赤滝をめざした。葬式や祝言以外ではまず着ないであろう正装に身をつつんだ里の農民たちが、神妙な顔つきで列をなし、鳥居群の下をくぐる敬虔な姿が目に浮かぶ。赤滝は農家はもとより、成瀬川と皆瀬川流域に暮らす人々の魂そのものなのだ。だから一九六八年に栗駒山周辺が国定公園に昇格したとき、赤滝もその枠内に組み入れられた*。

龍泉寺にある能恵姫の掛け軸

＊　現在は赤滝周辺は国定公園からはずれている。広報誌には赤滝の国定公園指定解除のことも載っていない。法による保護の網がかぶせられ、厳重な管理下に置かれる国定公園の指定解除を、いったいいつ、だれが、どんな名目で関係省庁に働きかけたのだろうか。そしてその経緯はどんな形で村民に伝えられたのだろうか。

成瀬ダムはその「魂」を、存亡の危機に立たせている。

龍泉寺の住職・村田さんは「岩崎と違って川連では能恵姫の話を知る人は少ないんです」と語り、成瀬ダムについて尋ねると「姫の墓と位牌を護る身として、姫が宿る赤滝がダムに沈むのは座視できない。ダムが必要だとしても、赤滝の歴史的な意味も考えてほしい」と苦渋をにじませる。

毎年旧一二月の最初の丑の日には、千歳公園水神社にて「初丑祭り」が開催され、能恵姫の霊を慰める奉納が執り行われる。川連根岸の旧寺跡には、能恵姫の墓標がカヤの大木に抱かれるように残っている。能恵姫は川連に縁がなかったが、姫を大蛇にさらわれた無念を先達は「龍泉寺」という号にこめて私たちに託した。真澄を感嘆させた赤滝は単なる名勝ではなく、自然と共生してきた祖先の聖地なのだ。

その赤滝が無造作に抹殺されようとしている。成瀬ダムは赤滝を、私たちの目前から永遠に消し去る。能恵姫の「どうか、どうかダムを止めて……」という涙声が聞こえる。

●農業用水

成瀬ダムは言うまでもなく多目的ダムだ。総貯水容量七八七〇万立方メートルのうち、治水（洪水調節）一九〇〇万立方メートル、利水（農業用水）二八三〇万立方メートル、河川の正常な流量維持が二六五〇万立方メートル、ほかに水道用水一四〇万立方メートルとなっている。残り三五〇万立方メートルは堆砂容量。発電にも使われる【図2】。

治水に関しては、四四ページで肴沢ダムにからみ、成瀬ダムが洪水調節を目的とすること自体に矛盾をはらんでいることを指摘したとおり。河川の正常な流量維持は「目的」とは言いがたい。なぜならいまのままが「正常」な成瀬川の姿なのだから。あえて言えば正常を「異常」にすることになろう。したがって目的にはならない。水道水については後述する。

右の数字でわかるとおり、成瀬ダムの最大の目的は利水＝農業用水の確保である。農家の魂

図2　成瀬ダムの計画

かんがい用水補給地域

洪水氾濫防止区域

★　成瀬ダムから上水道の提供を受ける地域（市町村合併により、増田町、平鹿町、十文字町は横手市に、西仙北町、南外村は大仙市になった）

である赤滝を沈めた水で農業用水をまかなおうだなんて品のない冗談としか思えないが、そこまでしなければ田畑に水が行き渡らないのが現状であるならばやむをえないかもしれない。では果たして本当に水は足りないのか、成瀬ダムは利水面からも必要なのか。現代の赤滝として、農家の信仰と支持を集める切り札となりうるのだろうか。

治水面以上にダムの必要性が強調されているのは「農業用水確保」にある。全国有数のコメどころ秋田、その南部をうるおす水の供給源として、成瀬ダムは造らなくてはならないのか、以下に検証する。

●「干害?」

農業用水の確保に大きな力を発揮する成瀬ダムは周辺工事が緒に着いただけで、本体工事はずっと先のことだ。完成予定は二〇一七年。ダムはまだ出来ていないから、平野部では渇水が深刻度を増している理屈になる。干ばつによる秋田県南部の農業被害の度合いを調べるため、私は最寄りの農政局の出張所へ行き、農林水産統計年報を手にした。

毎年発行される年報を開くと、冷害や虫害の報告は書かれてあるが、なぜか干害の項目がない。おかしいなと思って職員に尋ねた。すると彼はこう答えた。

「干害だすか？　さてなー、日照りの年はコメの収穫量が、ドーンと上がるがらなあ」

その職員は右手を振り上げて「日照り＝大豊作」を表現した。キツネにつままれたような思いがした。

●日照りに不作なし

一九九四（平成六）年、早い梅雨明けとともに記録的な猛暑が日本列島を襲い、秋田でも各地で水不足が発生した。給水制限が設けられ、街中を給水車が連日走り回り、農業用水不足も起こって至る所で番水制が敷かれた。田は干からびて地割れが生じ、立ち枯れの稲が水田を覆う映像は記憶に新しい。水不足がもっとも声高に叫ばれた年だった。

この年に秋田県南部で記録された干害、つまり成瀬ダムがないせいで起きた水不足による減収を、あとから横手の出張所に教えてもらったが、「数値は公開しないでほしい」という。だからここには書かない。ただ、あれほど水不足が大きく報道された割には、「この程度の被害で済んだのか」といった数値であることを記しておきたい。この年のコメの収穫は減収どころか大豊作、「日照りに不作なし」が実証されたのである。

とはいうものの、これでは農家に対して失礼にあたるだろう。なぜなら「水が足りない」という農家の悲痛な叫びは確かにあったし、それでも被害が「この程度」で抑えられたばかりか大豊作をもたらした理由が、番水——農家同士で水をやりくりする祖先伝来の知恵によるところが大きかったからである。

秋田など東北北部に語り継がれる言葉「日照りに不作なし」とは、水は必要ないという意味ではない。

梅雨前線が関東以南に停滞し、なかなか北上しない年は、東北地方はから梅雨となり、田畑は干ばつに見舞われことになるが、こうした天候が水稲の分けつ・幼穂形成を促進する太陽の恵みとなり、豊作をもたらす起爆剤となる。また、天候と日々戦っている農家は、秋田における冬場の豪雪、夏場の高温多湿といった気候風土を知りつくしている。山間部に冬の間降り積もった雪の量と梅雨の降雨量をその年ごとに見極め、上流から流れくる水と空から落ちてくる水の量でもって、ことしは水が充分足りそうなときはよいが、不足とみるやただちに対策を講じる。周囲や上流の農家と協議し、代掻き期や出穂期の水の配分を均等にするのだ。これが番水である。

かつて戦前は、干ばつによる水争いで流血の惨事がめずらしくなかったが、水の絶対量を確保した上で取水堰を統合し、農業用水の合理的配分を実現させたのである。番水はすなわち上流部と下流部、自分の田にも仲間の田にも、水を均等に分け合う助け合いの精神から生まれた、農家の血と汗の結晶ともいうべき「水文化」の象徴であろう。つまり日照りに不作なしとは、日本の食料を支える農家の知恵がなせる、匠の技によるものなのだ。

古くから農家は、たびたび襲う日照りをこうして乗り越えてきた。番水が敷かれた年は、農家が太陽の恵みを最大限に受け止め、より美味しいコメをつくるチャンスとばかりにこの技を編み出したのである。もちろん、用水の動向を昼夜問わず管理する作業は、労力と手間のかかる大変な仕事ではあるが、農家同士のコミュニケーションや上流部と下流部の農家の連携を通じ、同じ仕事をし、同じ文化を共有しているという連帯感を抱くことが、農業発展の障害になるわけがない。

ところが国交省や農水省は、番水を「農業発展の障害」と思っているようだ。

国交省の成瀬ダム環境影響評価書（アセスメント書）では平鹿《ひらか》平野地区における過去の番水制実施状況をまとめて、長いときで一カ月以上も番水制が敷かれたことをあげて「（番水は）抜本的な対策となっていない」と結論付け、成瀬ダムのパンフには「日時の制限や昼夜にわたる管理に多大な経費と労力がかかっています」とある。番水制を前時代的と切り捨て、農民たちの助け合いの精神を否定しているのだ。こうしたスタンスをとる国交省に対し、番水制に代表される古来の水文化を活かし、県南部にかつて豊富に湧き出していたシズ（泉）の再生と積極活用、既存の皆瀬ダムの効果的運用を提唱して成瀬ダムに依存しない道を模索しているのが、横手市（旧十文字町）の熊沢文男さんである。

成瀬ダム建設事業費は一五三〇億円。これに付帯する農業土地改良事業費は約三九〇億円だ。三〇ページで触れた北秋田市（旧森吉町）の森吉山ダムが、堤体積比で成瀬ダムの半分以下の規模でありながら、当初予算一〇〇〇億円の事業費が一七五〇億円に跳ね上がったことを鑑みれば、成瀬ダム事業費も何年か後には倍以上に膨れ上がることが子どもにも予想がつく。熊沢さんは市民団体「成瀬の水とダムを考える会」（以下「考える会」と表記）の事務局長として、成瀬川源流域を保全し、下流の住民たちの安全と水文化を守るための手法を、いくつかのデータと現場の実情を照らし合わせつつ、ダムに依拠しない道があることを訴えている。

税金が何千億つぎ込まれるかわからない成瀬ダムは、「必要ない」のだ。ここでは「考える会」の主張をベースに、成瀬ダムの疑問を焙り出してみよう。

●費用対効果一・〇九倍

成瀬ダムの受益地となる平鹿平野一万ヘクタールをカバーする国営平鹿平野土地改良事業（かんがい排水事業）は、かんたんに言うなら農業用水を現在の二倍にするというもの。その概要は、皆瀬川と成瀬川の既存の頭首工（取水堰と取り入れ口）を全面または部分改修し、八

成瀬頭首工(横手市増田町真戸)。成瀬ダム建設にあわせて改修の予定。

路線・延長約三〇キロメートルの水路を改修する国営事業である。これが地元の農業にどれだけ貢献するのか、その端的な尺度を知るべく費用対効果をみてみる。「考える会」は農水省東北農政局西奥羽土地改良調査事務所（以下、農水省と表記）に質問状を書き、事業の効果について事業主側の回答を待った。

その答えは「費用対効果は一・〇九倍」というものだった。

事業を推進する側が見積もる事業の効果は、とにかく甘くなりがちだ。これだけお金はかかるけれども、それをこれだけ上回る経済的効果があるんですよと、およそ現実離れした皮算用をわれわれに示して、素朴な人々は納得してしまう。それでもなお一・〇九倍とは。

農水省の示した回答のおおまかな中身は、国営かんがい排水事業三九〇億円に県営事業八七二億二五〇〇万円と特定多目的ダム建設事業予算の農業用水分二九三億七六〇〇万円*を加えた合計一五五六億〇一〇〇万円の事業予算（費用）に対し、投資効果（効果）を一七〇二億八三〇〇万円というもの。数字の上では一・〇九倍となるが、「実際に見積もれば〇・五倍がいいところではないか」と熊沢さん。

＊　農業用水分二九三億七六〇〇万円は、成瀬ダム建設事業費一五三〇億円の一部を構成し、その割合は事業費全体の一九・二％と算出される。近い将来、成瀬ダムの事業費が森吉山ダムのように膨張すれば、国交省は農水省側に「利水分としてもこれだけ負担してほしい」と言ってくるのではあるまいか。そうなれば費用対効果も一倍を割りこむ可能性がある。それともどんなに事業費が膨れあがっても「特定多目的ダム建設事業予算の農業用水分二九三億七六〇〇万円」は不変なのか、素朴な疑問が湧くところだ。

現状を見るまでもなく、投資効果一七〇〇億円という数値には大いに疑問が湧く。三割減反を強いられ、国営かんがい排水事業の対象地域一万ヘクタールをふくむ秋田県南地方全体の水稲作付面積は、一九七六年の五万四〇〇〇ヘクタールをピークとして、二〇〇三年には三万七〇〇〇ヘクタールと、かっきり七割に落とされている【図3】。そのうえ米価の下落に泣く農

図３　秋田県南地方（雄平仙）の水稲作付面積と収穫量の推移
1976 年作付面積 54,100ha、収穫量 289,900 トンを 100 として

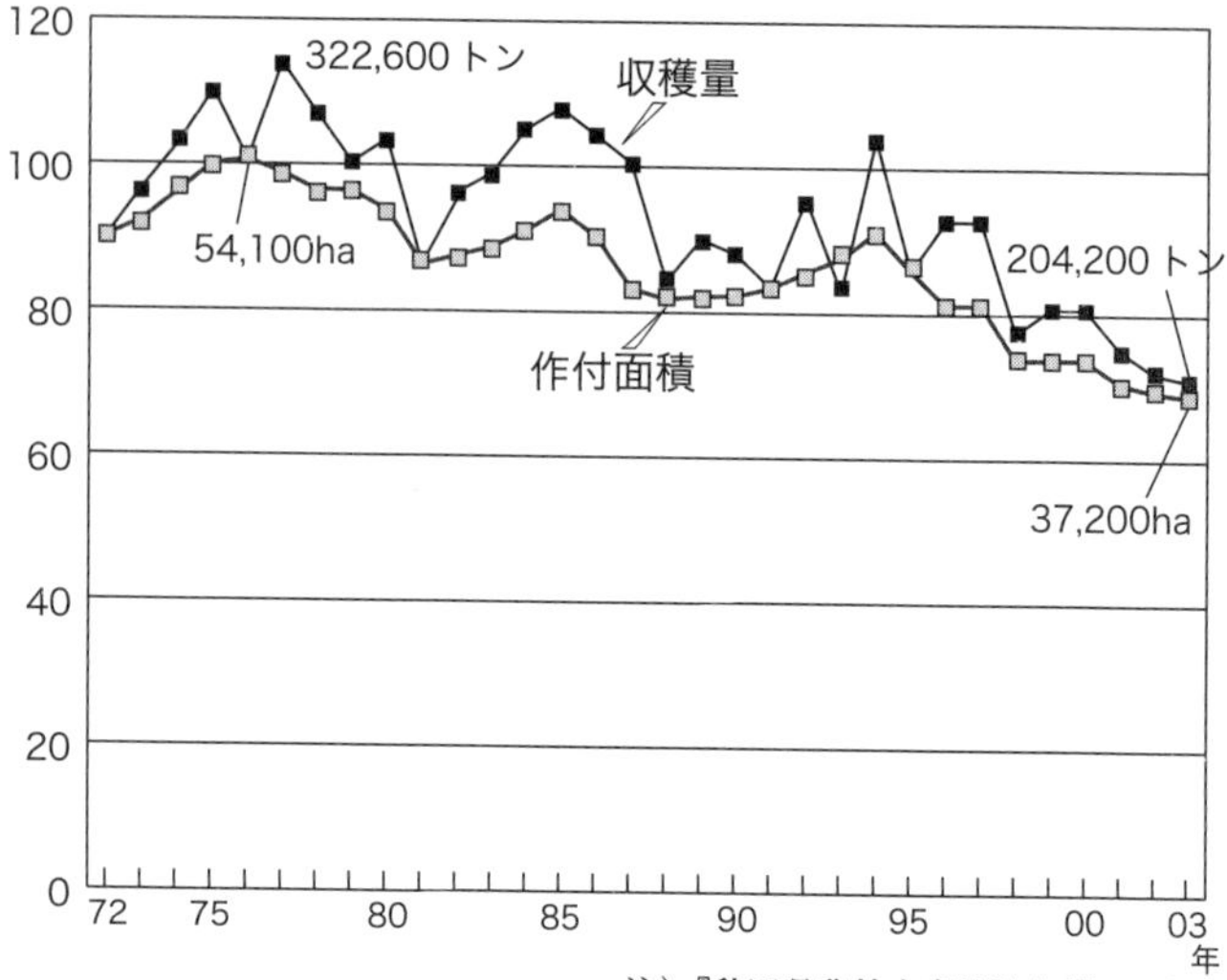

注）『秋田県農林水産統計年報』より。

家の現状を、農水省はどれだけ加味してこの数値を弾き出したのか。いっぽう、この事業によって失われる湧き水や番水制・生態系、地域に根ざしたコミュニティの消滅など、とても金額に換算できないそれらのマイナス材料を、農水省は考慮したのだろうか。

農水省は、一九七〇年代から秋田県内の農地を対象に、「大規模で生産性の高い近代農業の育成」のかけ声のもと、徹底的な効率化を図ってきた。畦をせまく、溜池をつぶし、水路のコンクリート化と直線化を促進、農民の憩いの場ともなっていた小さな雑木林もブルドーザーでひき潰した。河川の本流から取り入れた水はダイレクトに一

滴ももらさず運ぶため、あらゆる無駄を排した（ほんとうは無駄などどこにも存在しないのだが）。整地がおおむね完了した一九八〇年ごろ、県南の田んぼはどこを見ても画一化された長方形のマスが並んだ。子どもたちがドジョウをすくいホタルを追った土水路もコンクリート化され、農民が作業の合間に釣り糸を垂れていた沼もことごとく消滅した。

その結果、県南部の耕作地帯はどのような変貌をとげたか。それははからずも国交省の成瀬ダムパンフレットで知ることができる（以下、同パンフの小見出しから）。

「雄物川上流は渇水の起こりやすい地域」「かろうじて対処している取水の実態、河川水も地下水も不安定」「著しい地下水位の低下」

一部を引用してみる。

「豊富な地下水により昭和三六年当時は、湧水・落水による水路が形成されていました。しかし、現在は地下水位の低下により消滅したものも多く、存在する水路でも水量の減少が見られるようになってきています」（国土交通省東北地方整備局湯沢工事事務所発行「成瀬ダムのかんがい用水計画」より）

「マッチポンプ」という言葉が脳裏をかすめる。「地下水位の低下」をもたらした〝犯人〟はだれか。少なくとも農家・住民ではあるまい。水路の三面コンクリート化がかなりの山奥にまで普及したため、水は地下に浸透しなくなり川へ直行、まずはこうして山間部の水源域から水の動きを封じ込められた。田んぼから出た水もコンクリート水路を通じてそのまま川へ。雨水や雪解け水を受け止め、地下に還元させていた浮島みたいな雑木林も消された。それらはすべて農水省などの方針のもとに行われた。

●農家は声をあげて

もちろん私たち自身が鈍感であった点に触れずにおくわけにいくまい。なにより水田そのものが激減した。浅井戸の枯渇や、冬季に道路を消雪する地下水が涸れた大きな理由はこれである。宅地造成や商業開発、道路敷設で生活が便利になった反面、地面の下で水がどのように動き、清められているかを、私たちもろくに考えようとしなかった。恵み多き地下水に、住民が思いめぐらせること自体なかったと言っていい。

だがパンフはそうした背景じみたことには、いっさい触れていない。それでいて「水が足りないならダムを造ってあげましょう、もっと便利な水路を造ってあげましょう」という。どこか釈然としないのは私だけではあるまい。

たしかに一九七〇年代からの土地改良は、県内のコメ生産効率を飛躍的に伸ばした。作業も楽になった。きつい労働に明け暮れた往年を思い出し、農家の先行きに一筋の光明が射したのは事実だろう。だからこそ農家は過去を大切にする。一粒のコメをつくるまでに血のにじむ苦労を重ねた日々を後世に伝えようとする。楽はしたいが、苦労をしてこそ美味しいコメが出来ることを肌で知っているからだ。

そんな農家に農水省と国交省は「もっと楽をさせてやる」と言うが、国営かんがい排水事業の三九〇億円は、まだかろうじて命脈を保っている古来の水文化の保全・再生にこそ使うべきではないだろうか。このままでは昔から受け継がれてきた農民文化にとどめを差す最後の一撃になりはしまいか。

蛇足ながら強調しておきたい。私が言いたいのは「農家を甘やかすな」という意味では断じてなく、農家の誇りと自尊心を磨かせ、日本の食料生産の担い手としての矜持を抱かせる方向へ持っていきたいということである。農業を知らない私が農業を語るのはおこがましいが、農家に対する敬意と感謝の気持ちは忘れないでいたいと思うから。

便利さの追求と文化をないがしろにすることをセットにして良いという理屈は成り立たない。利便化の速度を落とすことを受け入れられないほど私たちは余裕のない生活を送っているわけではない。水を殺す「開発」は一区切りの段階に入っているのではないかと思うのである。そのカギを握っているのが農家だ。高台から平野部を見下ろすとき、田んぼが広がる光景は私たちに無限の安らぎを与えてくれる。水田の持つ治水効果や空気清浄効果も指摘されている。それを管理する農家の存在と日々の作業が、私たちが何気なく利用している地下水に、はかり知れない効果をもたらす。農家は自信を持って声高に叫んでもよいのではないか。

●届かなかった涙声

土地改良事業は申請事業だから、手続き上は農家の側から「水が足りない。ダムを造ってほしい」と国に伺いをたてる筋道となっている。事業に参加する農家が三分の二に達すれば事業はスタートできる。

この事業に合意した受益者農家は、九割に上っているという。大半が「ダムは必要」「事業に参加する」と表明している格好だ。ただこの合意の中身について、当の〝受益者農家〟である奥州さんがこう話す。

「農水省の意を受けて、集落の総代が『まずまずハンコつげ、もうほがのどごでは、みんなついだぞ』とせまれば、たとえ事業に疑問を持っていても、地域のしがらみやらで、消極的に捺印し、同意させられてしまう。多くの農家は、本音では『ダムなんて、ばがくせな』と話している」

申請事業であるからには、事業に農家が参加する限り、農家は一定の額を負担をしなければならない。農家がかぶるのは、国営かんがい排水事業の事業費三九〇億円から皆瀬頭首工改修費一五〇億七七〇〇万円を差し引いた二三九億二三〇〇万円の一部だ。負担割合は、国が三分の二で県が約二三・七％、市町村が六％、そして農家が約三・七％である。農家の負担額はおよそ八億八〇〇〇万円となり、一〇アールあたりの償還金額は一万三五〇〇円になるという。

二〇〇五年一月、熊沢さんは熊本の川辺川ダムを視察してきた。川辺川ダムは、国営利水事業でウソの同意書集めが問題となり、受益者四〇〇〇人のうち、最終的には二一〇〇人という「受益者」が、同意書を撤回、つまり「ダムは要らない、水は足りているから事業にも参加しない」と、事業への参加を拒否した裁判で有名なダムである。熊沢さんが話す。

「川辺川利水事業の農家負担は、農水省側の説明ではタダとなっている。国営分に関して農家は、ほとんどまったく金を出さずにすむ。それなのに彼・彼女らは、あくまで不参加を貫いた。それに引き換え平鹿平野の農家は……」

成瀬ダムの建設事業費は一五三〇億円。これに付帯する農水省の国営かんがい排水事業費は三九〇億円。おなじく県営事業費が八七二億二五〇〇万円。合わせると、じつに二七九二億二五〇〇万円という途方もない額の税金が、成瀬ダムを中心とした公共事業に注ぎこまれる。成瀬ダムの大義を精査すれば、これらの大半は農業振興に使われる理屈になる。

一方、かんがい用水の対象となる一万ヘクタールの水田で生産されるコメは年間六万トン弱。

日本人一人当たりのコメ消費量から換算しても、ざっと百万人分に相当する量だ。一九五五（昭和三五）年に八〇％近くあった日本の食料自給率は年々減りつづけ、二〇〇〇（平成一二）年は四〇％に落ちこんだ。日本人の食生活が大きく変わったことがその原因だ。コメの消費が減り、畜産や油脂類が増えたのだ。小麦や大豆が海外からの輸入でまかなわれるようになったことも大きい。

もちろんコメはほぼすべてが国産である。農家は昔もいまも、日本の食料を支える絶対的な基盤であることに変わりはない。だからどんなに巨額の税金が投入されようと、それが純粋に農家のためであるなら私も反対はしないし、むしろダム建設やかんがい排水事業を応援したい。だがダムの周辺を洗えば洗うほど、この事業は本当に農家のためなのかと疑わしさが募るばかりだ。

「考える会」では農水省に対し再質問状を送り、先の費用対効果の積算金額を明らかにするよう問いただした。返ってきた答えは、効果面について農業生産向上効果（生産立地条件の好転）や農業経営向上効果（労力・経営費の節減）などバラ色の絵を描く一方で、費用面においては、あくまでかかる金額を表示するのみ。番水・地下水など土着の水文化が失われるマイナス面については黙殺を決めこんだ。「考える会」が重ねて要望している地下水の継続利用も、いっさいしない方針だという。

「東京に行って各省庁（旧建設省・農水省・環境省）へ陳情に回ったとき、建設・環境省ではけんもほろろな態度であった中、農水省だけがこちらの訴えに真剣に耳を貸そうとしてくれただけに、残念です」（「考える会」のあるメンバー）

秋田県南の農業を統べる農水省東北農政局西奥羽土地改良調査事務所は、赤滝も能恵姫も農業的価値はゼロと評価したようだ。能恵姫の涙声はついに届かなかったらしい。

ダムの代替案

成瀬ダムの最大の柱である農業用水確保、その目的を達するには、やはりダムは造らなくてはならないのか。代替案は存在しないのか。あってもそれは非現実的な案なのか。

住民を交えた議論はまだ端緒についたばかりで、本当にダムを造らなければならないか否か、だれもが納得できたとは言えないのが現状であろう。費用を負担する県民も、まだ成瀬ダムのことを火急の問題とは位置付けていない。合意形成に欠かせないプロセスを成瀬ダムが踏んできたとは言いがたい。ひょっとしたらダムに代わるもっとべつの良い方法があるかもしれないのである。

ここは「考える会」が提唱している代替案――①皆瀬ダムの一五〇％利用、②環境保全型かつ農業実態に即した用水路・排水路の改修、③休耕田を溜池に――を以下に紹介することで、ダム建設地の自然を残し、既存の水文化の保全・再生への足がかりにしたい。

●日照りよりも日照不足が心配

平鹿平野一万ヘクタールをうるおす水は、秋田・岩手・宮城三県を分ける栗駒山をはじめ、その周辺の山地を水源とする皆瀬川と成瀬川から供給される。田植え期はかつてなら五月下旬から六月下旬、一カ月以上かけて行われていたのが、稲の新しい育苗技術の開発や作業の機械化・技術向上により、五月中旬から可能になった。五月中旬といえば深山にはまだ多くの残雪があり、その雪解け水が代掻き（田に水を満たし、土塊をくだいて田面を平らにする）の水に充分間に合うことをまず指摘しておきたい。

さて、国交省と農水省が唱える「水不足」の実態を数字でみてみる【表1】。近年発生した大規模な干害といえば八二ページにも書いた一九九四（平成六）年が知られているが、この年の農業災害を「考える会」の入手した表で見てみると干害七五〇トンの減収とある。確かに水不足による被害は出ているが、気象災害や病害に比べてその被害の少なさに驚かれるだろう。被害総量五七六〇トンは、一九八六年以降ではもっとも低い。つまり近年にない大豊作だったことの裏返しである。水は確かに足りなかった。だから七五〇トンもの被害が出たのだが、これは繰り返し書いてきたように、番水と地下水利用を武器に農家が日照りと戦った末に踏みと

表1　秋田県南地方（雄平仙）の農業災害の推移

年	収穫量（トン）	被害減収量（トン）			備考
		気象災害	病害	被害総量	(数字は被害（トン）)
1949	–	13,730	12,060	27,720	干害 5,430
1952	–	62,864	43,484	112,255	干害 337、冷害 40,557、いもち 30,573
1972	260,100	8,920	11,200	21,040	風水害 4,580
1973	283,900	7,620	3,985	12,008	風水害 3,910、干害 1,612
1974	295,900	3,610	3,424	7,860	
1975	319,900	1,684	2,010	3,929	
1976	289,900	35,130	5,140	40,620	冷害 34,710、干害 24
1977	322,600	1,515	2,241	3,884	干害 3
1978	307,900	2,020	3,105	5,295	干害 70
1979	287,800	18,970	4,615	23,940	
1980	299,300	10,490	5,626	16,330	冷害 10,450
1981	251,800	32,610	25,080	35,690	
1982	276,600	10,100	3,240	13,600	冷害 8,120
1983	284,800	7,350	2,720	10,300	
1984	302,200	143	270	447	
1985	310,500	1,510	1,810	3,490	
1986	301,100	11,000	1,370	12,400	冷害 11,000
1987	287,700	3,260	1,580	4,970	風水害 3,170
1988	247,300	30,500	4,740	35,600	冷害 30,500
1989	258,600	23,100	4,780	28,100	冷害
1990	253,600	19,100	11,800	31,900	6月の天候不順
1991	240,000	26,300	10,200	37,000	日照不足
1992	271,000	16,400	3,360	20,200	冷害 15,700
1993	238,700	41,100	11,900	53,500	冷害 40,600
1994	297,800	2,350	3,090	5,760	風水害 1,610、干害 750
1995	250,400	28,500	12,200	41,300	日照不足
1996	258,800	10,500	3,650	14,500	日照不足
1997	258,700	10,200	3,940	14,500	
1998	224,800	11,200	9,070	20,500	いもち 8,200
1999	231,300	8,690	4,180	17,400	
2000	231,300	9,040	3,900	13,400	
2001	217,400	13,700	6,080	20,000	
2002	214,100	18,800	3,840	22,900	
2003	204,200	21,500	7,140	28,900	

注）『秋田県農林水産統計年報』より。気象災害は冷害と風水害の合計。干害は別資料。

どまった結果であり、収穫量、いわば〝戦果〟は、まさに記録的な豊作だったのである。

だが水稲の被害といえば、代表的なのは一九九三年の冷害であろう。表1を見ればその凄さが理解いただけると思う。その被害たるや五万三五〇〇トン。全国規模で戦後最悪と呼ばれた大凶作である。どんよりとした曇り空に長雨が八月になっても収まらず、秋田は梅雨が明けぬまま秋になった年だ。各地でコメ泥棒が続発し、政府も緊急措置としてアメリカや中国・タイからコメ輸入を断行して大きな話題となった。多くの農家にとってあの年は、取りうる対応手段の限界を超えた年であり、世が世なら飢饉が起き、娘売りが行われ、一揆が勃発していたかもしれない。

単純な比較はできないが、同じ気象災害でも、農家にとって干害をもたらす日照りと冷害をもたらす日照不足のどちらが怖いかと言えば、日照不足であることは一目瞭然である。私事ながら専業農家の伯父はあの一九九三年、日照不足を鋭敏に感じ取って水管理に細心の注意を払い、平年並みの収量をあげた。備えるべきは水不足よりも日照不足であり、これに沿った措置を講ずるためにこそ税金を充てるべきではないのか。

それでも番水の労力やポンプ費用のかかる地下水くみ上げから解放されたいと願う農家がいるのも確か。「水が足りない」という農家がいるのは厳然たる事実である。

●皆瀬ダムの一五〇%利用

これに対し「考える会」ではつぎのような〝裏技〟を唱える。皆瀬ダムの運用規則を改正し、洪水期における放流を一カ月遅らせて夏季制限水位を数メートル上げるというものだ。

図4のグラフを見ると、一九九三(平成五)年の豊水年も翌一九九四(平成六)年の渇水年も、四月中旬から五月いっぱいまでの期間、皆瀬ダムは満々と水が蓄えられていた【図4】。これが渇水年の九四年、マニュアルどおりに六月に入ったとたん、水を落とし始めて七月一日には夏季制限水位の標高二三七・五メートル(最高水位からマイナス一三・五メートル)まで水位を下げている。その後の少雨により水位がさらに低下し、下流では水不足が生じたわけだが、この年の放流を仮に一カ月ずらし、かつ水位を上げておれば、ダムの水は上手に里の田へ行き渡り、なんの問題も起きなかったはずだというのである。

皆瀬ダムも多目的ダムであり、洪水調節ダムという側面を併せ持つ。「夏季にダムに水を貯めておいて、雨がなければいいがもし大雨が降ったらどうする。決壊の恐れが出るではないか」とダム関係者は言うだろう。夏場は水位を下げておかないと、いつくるやもしれぬ集中豪雨のさいに水を食い止める余裕がないというのはもっともな理屈である。水を満々と湛えたダムは

図4　皆瀬ダムの貯水位曲線
豊水年（1993年）と渇水年（1994年）の比較

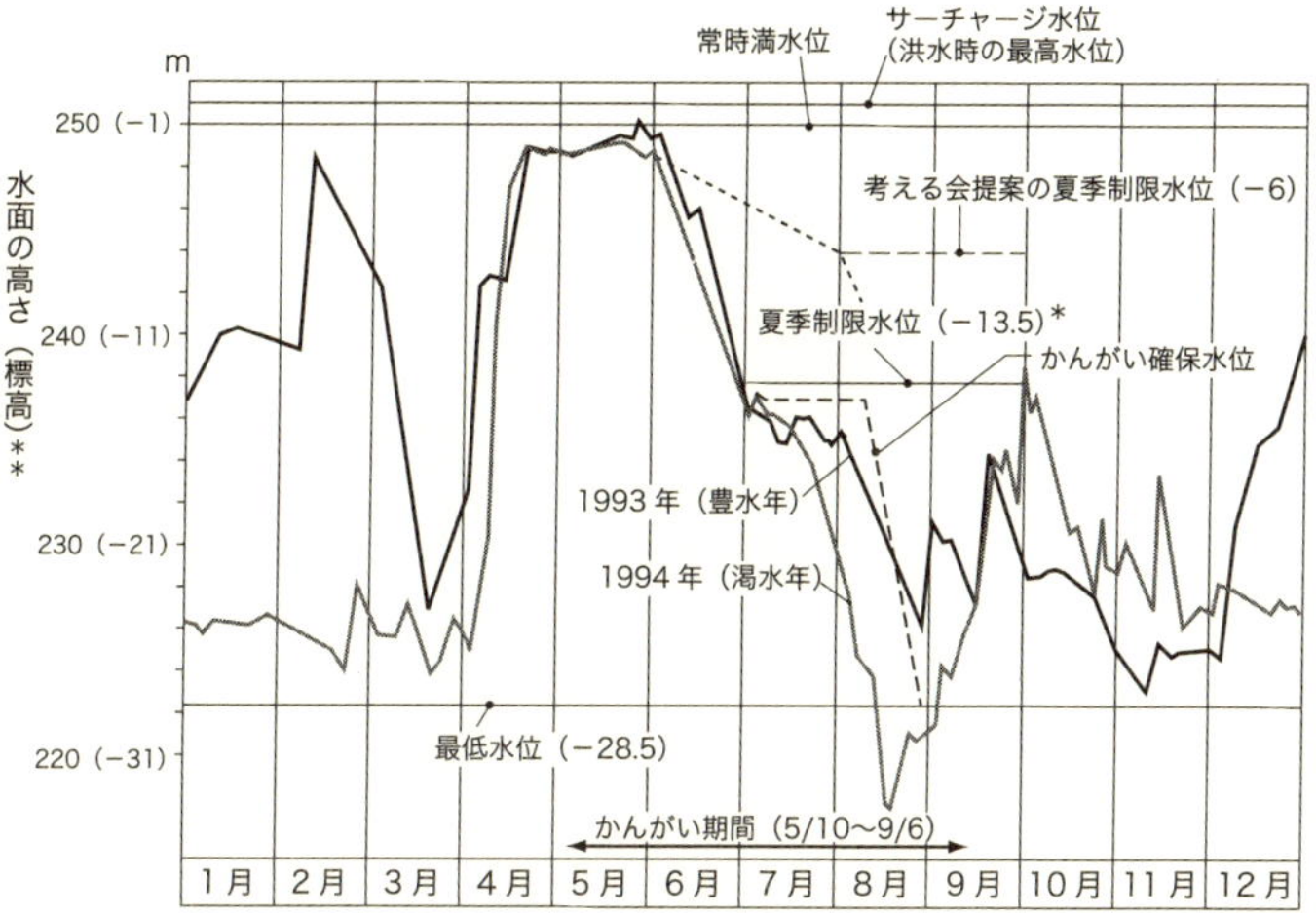

＊　（　）内の数字は、サーチャージ水位から見た水面の高さ（低さ）。夏季制限水位は、台風などによる洪水にそなえ、これ以上貯水してはいけない水位。
＊＊　皆瀬ダムの堤高は66.5m。

治水の用をなさないばかりか、豪雨の折りには危険極まりない存在となる。洪水に備えるには、ダムは空にしておかなくてはならないのだ。

だが「考える会」ではつぎのように説く。

「皆瀬ダムは洪水期を七月一日からに設定してあり、六月に入った時点で徐々に放流を始め、七月一日には二三七・五メートルまで水位を下げなければならないが、洪水期外にある四月中旬から五月いっぱいは常に満水の状態にある。この非洪水期（四月中旬〜五月末）に、〝菜種梅雨〟と呼ばれる、前線の移動による降雨にほぼ毎年見舞われている。

雪代《ゆきしろ》増水でダムはいっぱい。もはや水を貯める余裕のないときに流入量が急増するという最悪のケースだ。これを皆瀬ダム管理者は、離れ業的な運用でこれまでことなきを得てきた。マニュアルには必ずしも固執しない、経験と勘の産物でしょう」

『河北新報』一九九七（平成九）年一二月三〇日の連載ルポ「雄物川上流物語」を読むと、これとおなじパターンの春先における降雨にあたって、皆瀬ダム管理者がとった手段が述べられている。一九六六（昭和四一）年四月、ダムが満水の状態だったところへ雨がきた。計画高水二五一メートルとの差はわずか一メートル。これに達すると洪水調節機能は失われ、流入分を放流するしかなくなる。管理者は天を仰いだ。幸いこのときはギリギリのところで水位が戻りだし、ことなきを得た——というもの。

同ルポでは管理者の談話として「（皆瀬ダム）完成間もないころは、マニュアルそのままに運用していた。自然は数字通りにいかない。それに気付かなかった」と綴られ、これ以後、非洪水期における常時満水位にこだわらなくなったことを打ち明けている。

七月以降の洪水期は、梅雨に差し掛かっているから降雨量は確かに増えるが、深山の雪解けもほぼ終わり、水は山からゆっくりとしみ出してくる。森の保水力、いわゆる「緑のダム」の機能が働き、皆瀬ダムへの流入量を制御しているためだ。過去のデータを紐解くと、一九六七（昭和四二）年七月に豪雨に見舞われ、最大流入量が毎秒三二五・九九立方メートルに達したことがあったが、最高貯水位は二四一・一三（マイナス九・八七）メートルと夏期制限水位二三七・五（マイナス一三・五）メートルより四メートル弱上昇した程度。春の降雨に比べても、はるかに〝安全な洪水〟だったと言えるのではないか。

そして皆瀬ダムの夏季制限水位を、「考える会」は現状の二三七・五（マイナス一三・五）メートルから二四五（マイナス六）メートルまで引き上げることを提案している。一カ月遅らせるという洪水期の放流期間とともに「最高貯水位」の見直しを訴えるのである。ダム湖は通常、すり鉢状となっており、ほんの数メートルの空域に湖面が上昇するだけで段違いに貯水効率が上がる構造となっている点に着目するのだ。

「無論、ダムの安全な運用を念頭に起き『ためし運用期間』を設けるのが望ましいといえるだろう。堆砂の問題や老朽化も危惧される皆瀬ダムは岐路に差し掛かっている。専門家の意見も聞きながら、さらなる有効な使い方を模索すべきだ」（考える会）

これに付加すべきは森林のダム機能である。戦後、林野庁がズタズタにしてくれた須川高原の森も、放置されたままのスギ・カラマツ植林地が多いとはいえブナ林もまだ現存し、保水力はかなりの水準まで回復しただろう。一九九八（平成一〇）年、林野庁は国有林経営の抜本的改革を行い、二〇〇一（平成一三）年には木材生産よりも森林の公益的機能を育成することに主眼を置いた森林・林業基本法が成立した。空気と水を清め、国土を保全する森の恵みを林野庁が認識し、見直しを始め、実践に入ったのだ。同じ年に秋田県は単独事業「21秋田の森林《もり》づくり事業」を始動させ、針広混交林の育成やスギ林間伐に補助を実施している。こうした動きは今後さらに広がっていくだろう。

皆瀬ダムの治水・利水効果は、森と一体となってはじめて私たちにもたらされる(皮肉なことに成瀬ダムパンフは、森林のダム機能と成瀬ダムとをスクラムさせている)。皆瀬ダムの運用は、かつての豊穣を取り戻しつつある水源域の森の保水機能を鑑みて改正するか、少なくともより柔軟な対応を管理者側に求めたい。

●浪費型の排水路

「考える会」は、皆瀬川と成瀬川から引かれて田へ導かれる「用水路」と、田から排出された使用済みの水が流れる「排水路」の構造に、大きな欠陥があると指摘する。それはひとことで言うなら「浪費型水路」だ。

二〇〇四年五月、「考える会」のあるメンバーの案内で旧平鹿郡十文字町から平鹿町《ひらかまち》・大雄《だいゆう》村(現横手市)へ、各用水・排水路を見て歩いた。平鹿平野の水田はいっせいに田植えのための代掻きに入り、これに合わせてかんがい用水はフル回転、どこの水路も青々とした水が軽や

用水路・排水路を見学。旧十文字町。

かなさざめきに勢いよく流れている。整備されたばかりの真新しい水路始点（水門）は、皆瀬川から取り入れたばかりの新鮮な水が白泡をたてていた。流れが存外速い。

これは、一九六〇年ころの皆瀬ダム運用開始にともなう改修で、水路が直線化されたためだという。ダム運用前は上下流まちまちだった代掻き期が、いまでは農家がいっせいに田植えをするので、これに対応させるために用水を一気に、縁ぎりぎりまで満たして運ばれるようになった。

ピカピカのコンクリート三面張り水路は、さながら水の高速道路、〝高速水路〟といったところか。だれかが成瀬ダムを秋田自動車道に喩えていたことを思い出した。「盆暮れや大曲の花火大会に渋滞するからといって、秋田道をもう一本つくるようなもの」と。

広々とした排水路を流れる大量の濁水。旧平鹿町。

「農家はまるで誘い合わせたように、同時に作業を行う。週末しか田畑の仕事ができない兼業農家が多いから無理もないが、同じ平鹿平野でも以前なら水路の上・中・下流部と作業の最盛期に差があったように、田植え期をいくらかでもずらすことができれば」とその人は語る。理屈からいえば水は無駄なく効率よく使われているはずだが、根本的な問題として、この〝高速水路〟のあり方を問いたい。

用水路の流下速度が速まったため、農家は上流下流に関わらず、われ先にと田植えにかかるようになった。水がかつてのようにゆっくり時間をかけて落ちてくれば、上《かみ》では先週ころ作業が終わっただろう、ではウチも取りかかるかな――と時期をずらして水を利用する心理的余裕があったのに、一気にたっぷりと水が来るのであれば遠慮もなくなってしまうのかもしれない。水を無駄なく素早く使うのはいいことであるはずだが、整備されすぎた水路が裏目となった現実を表しているといえようか。

もうひとつの大きな問題は、田を満たしたあとに排出された水が流れる排水路である。旧平鹿町中吉田地区を走る排水路。先ほどの用水とはまったく違うコーヒー牛乳のような泥水が、これまた豊富な量で、用水路の数十倍の流量が確保できそうな、まるで都会の地下鉄を彷彿させる幅の広々とした三面コンクリートの、水路と言っては生やさしい水路をザアザアと流れている。

この水もまた、さらに下流の田畑をうるおす水源でもあるわけだが、下流の農家はこんな泥水をだれも使う気にならないだろうに。それでも大雄地区では環流させて使用してはいるものの、たちまち排水路へ戻されるのが現状だという。

それにしてもこんな大量の泥水、いったいどのように生産されたのだろう。代掻きとは稲を植えるため田に水を引くことだ。水は田んぼに行き渡ればそのまま張られ、あとは稲が植えられるのを待つだけのはず。使用済みとはいえ、これほどの量で急流となって排水路を茶色に染めるくらい余分に水があるのか。

これは、田んぼの形状とそれに合わせた水口の置き方からくる構造的な問題らしい。

たとえばある農家が複数の田を所有するとしよう【図5】。用水の入り口はひとつの田に一

図5　田んぼと水口

区画整理前

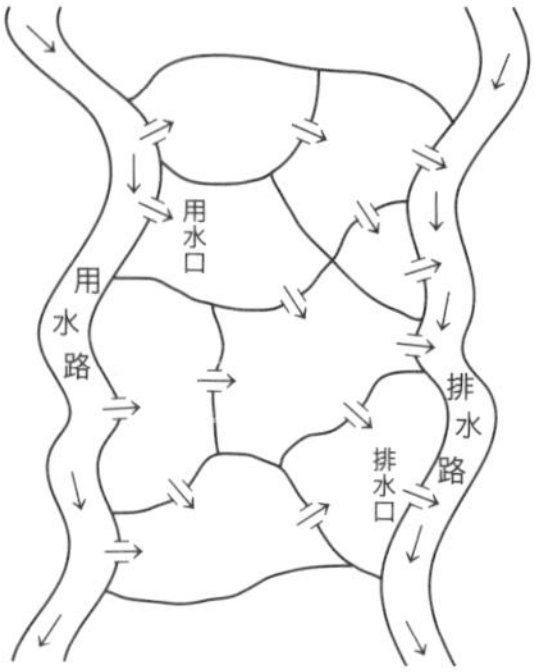

区画整理前の形状であった当時は、用水を順繰りに下の田に送り流していたため、用水の浸透に時間がかかった分、水温もぬるみ、泥の流出も抑えられた。

区画整理後

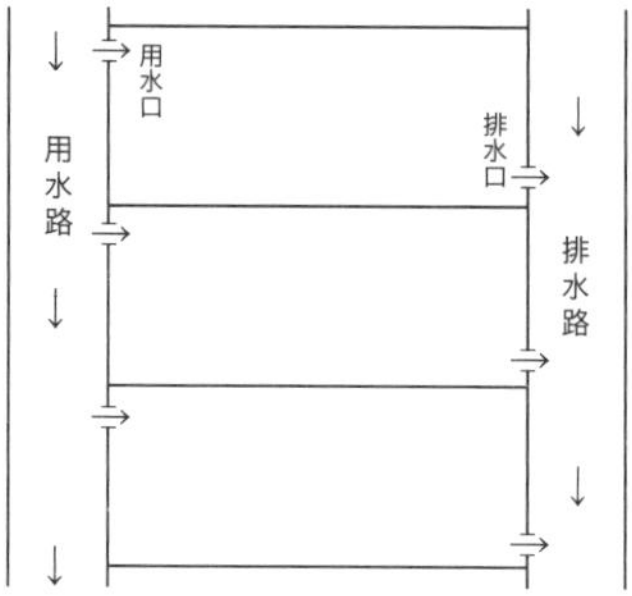

しかし区画整理後は、広々とした水田が一般化し、水口を各田に設けたため、浸透速度がはやまった分、濁水や肥料・農薬が流出しやすくなった。

雄物川と区画整理された水田。皆瀬川（左上）と雄物川の合流点付近。手前に旧十文字町の今泉橋。（国交省湯沢事務所『成瀬ダムの計画概要』より）

箇所ずつ設け、落差を利用して上から下へ順番に水を渡らせて、一番下の田から排水路へ落とす。これで整うはずだ。ところがこの辺り一般は、一枚の田がそのまま用水・排水路と直結しているため、一切の緩衝なしに、ダイレクトに排水路へ落とされてゆく。水路も高速なら代掻きも高速か。

八九ページに書いたとおり、農水省が推進した農耕地帯の区画整理で、水田の形状はどこもみな見事なまでに長方形の羅列となり、農家が思い思いに描いていた個性あふれる田んぼの風景は失われた。一町歩（一ヘクタール）という陸上競技場並みの広さに、のんびり水を流していてはまどろっこしいという事情もあるのだろう。だがこんな大量の泥水が流れる光景が、コメどころ秋田の水田にふさわしい姿と関係者は胸を張っていえるだろうか。

「下流の用水路にも、上流並みにきれいな水が豊富に流れてくれればよいが、水源から遠くなるにつれ流量は減り、流れてこないことが多い。ために地下水に頼らざるをえなくなり、揚水ポンプ代がかさむ」（ある農家）

これは成瀬ダムに依存したかんがい排水事業の大義と一致する現状であろう。しかしその原因は、先に触れた〝高速水路〟にあるのではないのか。

平鹿平野の農民たちは、番水をはじめとする昔からの水利用形態を基本にコメづくりに努めてきた。水は上から下へ、田植えも上から下へという理念のもと、上流と下流とで田植え時期を分け合い、水を分け合ってきた。それが、水がドーッとこられるようになると、水が余ったり、逆に足りなくなる。余った水は農薬混じりの泥水。無農薬といった安全性が要求される昨今、その志向に逆行するような水など、だれも使いたがらない。水が来なければ地下水を汲み上げて対応せざるをえなくなるのは必然であろう。いわば高速水路の副作用。短時間で大量の水が来る、それに合わせて農家も作業を急ぐ。偏りがちな水量も大量の泥水も、副作用の症状とはいえないだろうか。

自然が相手の農家は、かつて地域ごとに集落ごとに知恵をしぼって水を確保し、平鹿平野全体で代掻きの情報を交換し、ひとつのコミュニティを築き上げてきたが、土地改良区＝農水省の無粋なおせっかいがそれを狂わせた。減反を押し付けながら、一九九三（平成五）年のガット＝ウルグアイ・ラウンドで、外国からのコメ輸入がはじまり、コメづくりにも国際競争の波が、こののどかな耕作地帯にまで押し寄せてきた。農家同士で競合が開始されたのである。

ここを所轄する土地改良区は、コメづくり指導のプロフェッショナル集団であり、選りすぐりのエリートであるはず。彼・彼女らはよかれと思ってこの水路を造り、そしてかんがい排水事業を計画したに違いあるまい（申請事業ではあるが）。だが、このちぐはぐな現状を目の当たりにすると、過去の土地改良事業がどれだけ成果を上げてきたかはなはだ疑問である。どこか抜けているというか、ピントがずれているというか、秋田県南部の農業の真髄を見失ってしまっているような気がしてならない。

旧大雄村の某所、ほどよく整備したコンクリート水路が民家の庭先をかすめるように延びている。その淵にコンクリート・ブロックが積み重ねられ、どことなく素人づくりのミニチュアの堤防が築かれていた。

「ここはよく氾濫するんです」。ちょっとした大雨が降るとあっけなく溢れ出し、民家の庭や畑が冠水してしまうとか。いかにも手づくりの儚げな堤防は、ここの家人の自費による自作だという。

●環境保全型かつ農業実態に即した用水路・排水路の改修を

〝高速水路〟にはたしかに利点はあろうが、もはや整備されすぎた感がある。水をゆっくりと流す運河式の低速型に造りかえるべきと「考える会」は提案する。

「水をゆっくり流し、ゆっくり張らせ、ゆっくり落とさせる。いっせいに行われる代掻きを緩和し、農家へなるべく余裕をもたせるやり方だ。これにより、いびつな用水浸透も大量の濁水もかなり改善されるだろう。願わくばホタルの舞う土水路を復活させ、小魚の棲める溜め池を混在させ、畦を細やかに渡らせて小規模な田の枚数を増やし、昔ながらの光景をとり戻した

い」（「考える会」メンバー）

それには意識改革をともなわざるをえない。ある意味農家へ後戻りをせまることになるが、「意識改革」という耳当たりのよい言葉をもってして農家だけに不便を押し付けることは許されまい。農家の仕事や苦労は非農家である私たちもなんらかの形で体験したい。これを住民参加のたたき台にはできないだろうか。農政局はかんがい排水事業を自分たちのテリトリーにおかず、非農家の参加へのはからいを期待したいものである。

●休耕田を溜池に

湧水の里として知られる美郷《みさと》町六郷《ろくごう》地区（旧六郷町）。環境省の「名水百選」に選定されている六郷湧水群は、扇状地の上部が水源となり、田を満たした水が地中にしみこみ、長い時間をかけて地中で濾過され、地域の水道水源となる。

田に水が張られている夏期はいいが、稲穂が実り出し、田んぼの水が落とされて切り株だけが並ぶ光景が広がると地下水も涸れ気味になる。冬期一月中旬から二月中旬が、地下水位が最も低下する時期だという。旧六郷町では秋田大学の肥田教授の指導のもと、秋から翌春にかけて水を張る、冬期専用の地下水源とする水源涵養田を四カ所設置している。

これにより、それまでたびたび発生していた冬期間の水枯れもかなり改善されたという。この町の人たちは昔から地下水の恩恵に浴してきた。水は有限であり、大切に使うものという考え方が定着しているのである。

「考える会」は、これと同様の水源涵養田を、休耕田を利用して各地に設けることで、農業用水不足に対応できる体制づくりをすべきという。地下水はまた安全で美味しい上質な水道水源にもなる。

中・大規模な農業用溜池は横手市にも多く存在するが、小規模の溜池を随所に置くことで、地下水はさらに安定すると思われる。人々が水に気軽に安全に親しめる公園型にするのもいいだろう。住宅地に造れば防災にも役立つ。減反のあおりで休耕田はあちこちに放置されたまま。カメムシの発生源になるばかりで草刈りも容易ではあるまい。六郷方式によらずとも、「考える会」は、総耕地面積一万ヘクタールのうち三〇〇〇ヘクタールある休耕田の中から一〇〇〇ヘクタールを溜め池にすることを提案している。五〇センチの深さで水を張れば五〇〇万立方メートルの水が確保できるのだ。乾田化が進んで貝類やヒル・エビ類が姿を消し、生態系が崩れた田に、ふたたび生き物を呼び戻す試みにもなろう。生き物が安心して住める田んぼでできたコメこそ消費者も要求していると思われる。

●洪水の調節

このほか、治水（洪水調節）の代替案をあげるなら堤防のかさあげ、水道用水の代替案は玉川ダムの工業用水転用を訴えたい。

秋田弁護士会は二〇〇〇年九月に旧建設省へ意見書を提出し、成瀬ダムの治水効果に重大な疑問があることを指摘している（巻末資料参照）。成瀬ダムの集水面積（流域面積）六八・一平方キロメートルは、既設の玉川・鎧畑・皆瀬の三ダムの合計七七九・三平方キロメートルの一割に満たないのに、国交省は成瀬ダム洪水調節効果を玉川・鎧畑・皆瀬の三ダムの四三・三％と見込んでいるのだ。成瀬ダムは成瀬川の上流部、ほとんど源流域に造られるため、雨を集めるだけのスペースが狭い。ダムは奥地であればあるほど治水効果が薄れていくのだ。いったいどんな雨が降れば成瀬ダムにこのような芸当ができるのか。

また成瀬ダムパンフでは、一九九四（平成六）年に発生した洪水を例に、村内手倉地区の水位を、成瀬ダムがあった場合には九〇センチの低減が見込めると殊更にその効果をアピールしているが（かつて肴沢ダムで水没させようとしていた手倉地区を例に出す本末転倒はこの際おくとして）、これが下流の湯沢市岩崎の皆瀬川だと二五センチとなり、さらに雄物川本流となると、洪水調節の基準点である秋田市（旧雄和町）椿川ではわずか数センチという、まさに長靴半分以下といった情けない〝効果〟のほどだ。ないよりはいいとはいえ、あの白神山地に匹敵する、村が全国に誇る宝のような自然を沈めておいてこの程度では自然も浮かばれまい。

国交省は代替案に関しても検討を重ねたというけれど、事業費一五三〇億円のうち半分でもあれば、各所に立派な堤防が築けるだろうし、はるかに早いと思うのは素人考えだろうか。すみやかな住民サービスを実行すべき行政の立場からして、ダムと堤防のどちらが妥当であるか。

●玉川ダムの工業用水の転用を

水道水源を成瀬ダムに求めることについても、どこか腑に落ちないところがある。成瀬ダムから水道水を引く予定の各自治体のうち、玉川よりも下流にある旧西仙北町と旧南外村は、利用可能な玉川ダムの工業用水の転用を県に働きかけることをなぜしないのか。毎日四〇万トンも日本海に流れている余り水をほしいと思わないわけがない。どんな都合があるのか知らないが、成瀬ダムの水利権を返上して玉川の水利権を申請するのが通常の感覚ではないのか。玉川ダム第二工業用水問題は県と大王製紙との和解をスタートラインに、これからその使い途を県民あげて検討しなくてはならないのだ。工業用水の転用は岩手県の入畑《いりはた》ダムなどで前例がある

（その後実施見送り）。[*] ようは「やる気の問題」なのだ。むろん地下水脈の充実と水質改善も急務である。

国交省と農水省は「成瀬ダムありき」を改め、各方面から将来の水利用計画を多角的に分析し、自然の保全と文化継承を念頭に、実情と実態に即した、ほんとうに県民のためになる道を探っていただきたいものだ。

＊ 北本内《きたほんない》ダム建設中止により、既存の入畑ダムの工業用水が上水道に転用される予定だったが、二〇〇三（平成一五）年に岩手県が水需要の推計調査を行ったところ、関係市町村が将来的に水道水に困ることはないと判断、工業用水転用は見送られた。

現代の『日蔭の村』

●キノコ採り

二〇〇四年一〇月。ブナやミズナラの黄とナナカマド・ウルシの朱が里へ下りて、桧山台は秋一色に染まった。

須川高原の行楽客が秋田県側へ下りて来る国道三四二号は十年ほど前に整備されたため、この時期は車の往来が一年でもっともにぎやかだ。ふだんは一時間に数台程度走る車の数が、いまは一分に十数台はうなりをあげて疾走する。県外ナンバーの観光バスが列をなし、しゃれたつなぎ服姿のライダーたちが爆音を残して自然との融合を試みる。

桧山台の国道脇に「山菜仙人」と書かれた手づくりの看板を掲げた、どこかみすぼらしい小屋が出現したのは四年ほど前だ。地元の山で採取した山菜・キノコ類を、道行くドライバーや観光客に買ってもらおうと、地域の人が設けた臨時の直売所である。

日曜日の好天とあればきっと営業しているだろうと思って立ち寄ると、五里台から杉山さん夫婦がやってきて店を切り盛りしているところだった。ここ数年、東成瀬村内にこうした産地直売所が無人のものも含めてあちこちに立ち上がった。その中でもここは須川高原からふもとに下りて最初に出くわす直売所である。もの珍しさも手伝って、国道にはドライバーが次々に車を停め、どれどれとのぞきこみに来るのだ。私が訪れたときも二〜三組の客がキノコの品定めをしていた。が、どうも在庫が品薄になってきているらしい。まだ午前だというのに。

杉山さんの後ろで、ザルにキノコの陳列作業をしていた男性が、私を見るや「お前、ヒマだが?」。顔見知りのご主人である。

「はあ、まあヒマですが」

「キノゴ採りさ行くべ」

そういうわけでご主人所有の軽トラックを私が運転してキノコ採りに行くことになった。キノコのある場所へは彼が案内するという。収穫したキノコは今日中に売りさばくため、そんなに時間をかけられないのだ。

国道からわき道へ逸れ、しばらく林道を走って「このあだりさ停めれ」と言われた場所は、伐採の跡地に雑木の二次林が生育している緩やかな傾斜地だ。車を降りてご主人の後につづいて森の中へ入る。

「狙いはコナラ(シモフリシメジ)だ。足元さ気をつけでな」

コナラは、ナラなどの雑木林に生えるこの時期一番よく収穫されるキノコだが、黒っぽい地味な見かけのため、素人にはなかなか見つけられない。「ここだ、この周辺さある」とご主人が指差した地面に私がコナラを確認するまで時間がかかってしまった。

こうして彼は、的確に無駄なく、ピンポイント攻撃でコナラの生えている地点を私に指し示す。広範囲に探せばもっと見つかるのではと思ったが「そっちゃ行ったってねえよ」。コナラのある場所は極めて限定されているのだ。キノコのポイントは見つけた者が独占するのが当り前だが、ご主人は私に惜し気もなく三カ所も〝コナラ・ポイント〟を教えてくれた。

「ここまで憶えるのに一〇年かかったんだ」。おそらくほかにもたくさんのキノコの穴場をご主人は知っているのだろう。たかだか三カ所他人に明かしたところで痛くもかゆくもないに違いあるまい。

四時間ほどで三キログラムは収穫できただろうか、杉山さんの待つ桧山台の直売所へ、採れたてキノコを届けたときはもう陽が傾きかけていた。

「いっぱい採れましたね、もうキノコが底をついています」と彰さん。あおいさんはニワトリへ餌を与えに、春ちゃんともども自宅へ戻ったという。

収穫・小分けと裏方に徹するご主人がさっそくコナラを見た目よく器用にザルへ移し替え、陳列台の上へ置く。三皿だ。ものの三〇分で売れてしまった。

「あとからあとからお客さんが来て、てんてこまいでした」。彰さんがもう勘弁してくれといった表情で、それでも車を降りてくる行楽客に愛想笑顔を怠らない。商売のコツもしっかり身についている。東成瀬の最奥の集落にいて、お金を稼げるチャンスはそうめったにあるものではない。

●引越し

午前にここに来たときから気にかかっていた。五十メートルくらい離れた下手の民家で、若い人たち三〜四人が家財の運び出しをしていた。全員が手ぬぐいなどで粉塵除けのマスクをしている。

「解体のための引越しだべ」。ご主人がキノコの土をはらいながら話した。

成瀬ダム建設は、とくに集落の移転や家屋水没をともなわないが、ここ桧山台は建設地に一番近いだけに、工事期間中の喧騒に巻きこまれやすい。ダム工事が本格化し、作業員を乗せたバスや工事用車両・重機が国道を行き交うようになれば、集落を包みこんでいたのどかさは消えうせることが予想される。ダム工事最前線は、ここからほんの二キロメートル足らずなのだ。

ダム工事が間近にせまるにつれ、桧山台集落内に静かな動揺が広がっていった。村もそれとなく七世帯に移転を勧めた。「工事が始まると環境が様変わりし、ふだんの静けさが保たれません」と。そうした移転の申し出は集落内からも上がっていた。すべての世帯が移転に応じれば、桧山台集落はダム事業区域に組み入れられ、移転補償などの対象になる。しかしそれはあくまで全戸移転でなければならない。「うちは桧山台に残る」が一世帯でもあってはならないのだ。

長い歴史のある桧山台集落を、村議会では「残すべきだ」との声もあったが、すでに方向は「廃村」で固まっている。集落を取り囲む森の木立がざわめき出した。

山々を染め抜いている紅葉が、秋の落日に真横から照らされる刹那、冷気を帯びた風がトドマツの枝葉を揺らした。つるべ落としに太陽は西の山に隠れてしまった。

そういえば、環境省は東成瀬村を「全国一星のよく見える村」と太鼓判を押した。ネオンサインとは無縁で、街灯の明かりも少なく、空気の澄んでいる村だからこその栄誉であろう。しかし桧山台の空はせまい。私は秋田出身の小説家・石川達三の『日蔭の村』を思い出した。東京市民の水源確保のため、多摩川上流部にダムを造った実話をヒントに、都会の犠牲となって水没する西多摩郡小河内《おごうち》村の人たちの悲運が、やりきれないほどリアルに描かれている。石川は『日蔭の村』という題名にちなんで、登場人物にこんなセリフを言わせている。

「御覧なさい、下の方はもう日がかげって来た。朝は十時にならなくては日が当らないし、午後は三時になるともう山の向うに日が落ちてしまう。一日にたった五時間しか日が当らない。

僕は自分ひとりでこの村に日蔭の村という名をつけているんです。この名前には別の象徴的な意味もあるんです。つまり東京という大都市が発展して行く、すると大木の日蔭にある草が枯れて行くように小河内は発展する東京の犠牲になって枯れて行くのです。山の日蔭にある間はまだよかった。都会の日蔭になってしまうと村はもう駄目なんです」（新潮文庫）
　成瀬ダム事業区域になりかけている桧山台。ダムには反対運動がつきものだ。それは水没や家屋移転を強いられる地元住民から始まるのが通例であった。しかし桧山台は、移転をむしろ住民の側から持ちかけたという。
　成瀬峡の最奥、一六三七（寛永一四）年に高橋丹波が拓いて以来、三六〇余年もの年月を歩んできた桃源郷のような里。かつては二十軒を超える世帯がひしめき、奥成瀬独特の文化を築き上げてきたが、高度経済成長が人々の心の奥底に植え付けた都会志向の観念は集落の基盤を直撃した。
　都会の犠牲となり日蔭へと追いやられた人々は、桧山台の空に暗雲が立ちこめるのを見た。分校が閉じられ、くしの歯が抜けるように世帯が減った。道路が整備されて里との往来が容易になった結果、集落からの流出に拍車がかかる。それは仕組まれた過疎化であった。山村に、田舎に残り留まることは時代に逆行する後ろ向きな選択肢なのだという感覚を摺り込まされた人々が、桧山台での生活に見切りをつけるのは至極当然のなりゆきであった。

桧山台の文化はこうして底流から蝕まれ、枯死寸前に追いつめられた。とどめは成瀬ダム。桧山台の三六〇年は、老木を伐り倒すがごとく巨大公共事業の前に手もなく崩れた。

国交省はダム建設地の自然の豊かさを認めつつも、それと最も密接に関わってきた桧山台集落には目を向けなかったことを指摘しておこう。ダムに沈むわけでもない桧山台集落の生活・歴史・文化、なによりも住民たちの誇りを守るための、いかなる努力も払わなかったことを。すでに動揺があきらめへと変わっていた桧山台にて、それでもこんにちまで集落の灯を守りつづけた人たちが、ふるさとを離れる決意を固めた断腸の思いは想像に難くないが、彼・彼女らの心理描写や移転補償に関しては筆を控えさせていただく。

ただ、あの蜂ノ巣城で有名な「下筌《しもうけ》ダム」で、私財を投げ打って最後まで反対を貫いた故・室原知幸氏が、全国のダム建設現場で国家と闘っている人たちへ寄せた言葉をここに記しておきたい。

一　補償基準を先きに。調査は後。
二　数は力、分裂しない事。
三　町長には町長の立場あり（余り頼らない、荷をかけない）、地元（水没）は地元（自分等）でがっちりと。

四時、時、時が智慧をつけてくれる。

もうひとつ。

「公共事業は法にかない、理にかない、情にかなうものでなければならない」（松下竜一『砦に拠る』ちくま文庫）

桧山台集落は人々の離村のち、建物はすべて取り壊され、ダム資材や残土置き場になるという。

●春まだ遠し

この冬のうんざりするようなドカ雪は、山奥とはやや言いがたい私の町（湯沢市稲川）でも例外ではなかった。東成瀬村はさぞかし人々が雪との格闘に明け暮れ、白い息を吐き出し頭から湯気を立ち上らせ、無情に雪を降らせつづける天をにらみつけたことだろう。

二〇〇五年二月、三陸地方で買いこんだタラ三尾を東成瀬村の友人宅へ届けに回った。この時期のタラ鍋は絶品だ。立春の前後、ほんの二、三日だけ降雪が小康状態になり、ぽっかりと暖かい日が続くことがある。私が出かけたのもそんな日だった。ときおり日が差す曇り空の下、車を走らせ、岩井川を過ぎて手倉に入った。

及川さんは二〇〇二年の一二月、東京から東成瀬村に移住した。冬本番を間近に控えた時期にである。奥さんと就学前のふたりの男の子を連れて。桧山台の夫婦や杉山さんと同じく、東成瀬の自然の美しさと人のやさしさに魅せられた移住組である。

「三年くらい悩みに悩み抜いて、ここへの定住を決めました」。言葉や生活習慣の壁を乗り越えて、日々思考錯誤の連続、慣れない農作業をしながら、いまはまだ悪戦苦闘の毎日だ。しかし一家の表情はいつも明るい。二〇〇三年一二月には長女も誕生し、やんちゃ盛りの双子の男児に加えてにぎやかになった。

車を降り、雪をかき分けて玄関で及川さんに魚を渡す。東成瀬に来て三度目となるこの冬は記録的な豪雪だ。連日の雪かきに追われて、及川さんはさすがにくたびれ気味であった。

及川さん宅を辞し、五里台の杉山さん宅へ向かう。着くと杉山さん一家が雪遊びをしていた。屋根から落ちて軒下に積もった雪にかまくら、というより雪洞を掘り、春ちゃんが入りこんでいる。

魚と豆腐を差し出すとひどく喜んでくれた。食べ物に困っているわけでもあるまいが、ギリギリの倹約生活を送っている一家だけに、ご多分にもれず毎日の雪かきに体力を消耗し、精のつく食べ物がほしかったらしい。甘いものが大好きなあおいさんが大判焼きとお茶を持ってきてくれて、外で四人で食べた。

もうこの近辺は道路際の雪の壁が三メートルに達している。二月いっぱいは毎日が吹雪だから、まだまだ雪かきに汗を搾り取られる日々が一家を待ちうけている。しかし杉山さん一家もまた、いきいきと瞳を輝かせている。「ニワトリ小屋が二階まで雪に埋まっちゃったんだよ」と屈託なく話すあおいさんに安堵を覚える。

そして桧山台の夫婦宅へ。雪の丈は四メートルはあろうか。トドマツの幹の部分は完全に雪の中、道路からは、枝葉を広げた中ほどよりこずえのてっぺんしか見えないありさまだ。

成瀬峡の最奥集落・桧山台。昨年、秋の日に引越し作業をしていたあの家屋はもうない。どこもかしこも雪に覆われ、建物があった場所さえもわからなかった。

国道から山手へ延びる道もすっかり雪の原野と化した。踏み固められた雪道は私の身長をはるかに超えている。雪の上という概念がなければ、私は地上二～三メートルの空中を歩いていることになろう。風の音以外なにも聴こえない。空気は静寂に支配されている。カラ類の地鳴きすら雪が吸収してしまっていた。

きょうも平屋の屋根の煙突から白い煙が昇っている。声をかけると奥さんの朗らかな声。ご主人も在宅だ。魚を出すまでもなく、「まず休め、休め」と歓待してくれた。薪ストーブのそばにいた猫が私を見るや右往左往している。

呆れ果てるまでに降りつづく雪に対する愚痴をひと通り聴き、集落のほかの世帯について水を向ける。

「冬の前に、二軒が集落を出た。いま残ってるのは、うぢを入れで五軒だ」

ストーブがパチパチと音を立てて燃える音。猫をなでてあげようと手をやると、珍しく目を細めて顎を私の右手にあずけていた。――「来年はたぶん、ここさ残ってるのはうぢだげだな」

お茶を飲み干して、しばしの沈黙。そろそろおいとましようとすると、奥さんが言った。

「樋渡さん、お昼ご飯食べてってね」

ダムを造る前に

●時のアセス

ここ一〇年ほどで、ダムや河川環境をめぐる行政のスタンスは目まぐるしく変わった。きっかけはいろいろあるだろうが、アメリカ合州国内務省開墾局総裁のダニエル・ビアード氏が「アメリカでのダム建設の時代は終わった」と宣言した一九九四（平成六）年以降の日本の動きをかんたんに振り返ってみる。

全国のダム・河口堰反対運動の高まりを受け、旧建設省が河川法を改正して、この精神に「環境重視」と「住民対話」を入れたのが一九九七（平成九）年である。この年に建設省は、全国で計画されているダム事業の中から十八か所を中止・休止にした。

北海道知事が「時のアセス」導入を表明したのを皮切りに、橋本総理が「再評価システム導入」を指示するや、岩手や山梨など全国の自治体で「時のアセス導入」「事後評価委員会設置」が次々と打ち出されていく。

二〇〇〇（平成一二）年一二月には、建設省の諮問機関である河川審議会が、ダムや堤防に頼らない、川はあふれるという前提に立って〝洪水と共存〟する治水方法を建設省に答申する。これはいままでの水の治め方を、建設省内部で根本から問い直すという、革命的な事例となる出来事であろう。*

＊　だがジャーナリストの保屋野初子さんによれば、この種の答申は首都圏・愛知の中小河川限定ながら一九七七（昭和五二）年に「総合治水対策」の名で出されていたという。「洪水との共存」は二〇年以上も前に建設省が方針にすえたことになる。いままでほとんど採用されてこなかったことについて保屋野さんは、巨額が動くダム事業に群がる利権の構図が背景にあることを指摘し、「ダム計画の存在そのものが、他の治水アイデアを許さない土壌を地域につくるのである」と断じている（『長野の「脱ダム」、なぜ？』築地書館）。

そして二〇〇一（平成一三）年、長野県の田中康夫知事によるあの「脱ダム宣言」の発表。全国各地で日増しに悪化の一途をたどっていく川の姿を目の前に、日本の河川環境の行く末を危ぶみ、地道な活動をつづけてきた現場の市民や学者・活動家の声が国に届いたのだろう。国はこうした訴えを容れて、河川行政のあり方について大転換を試み、実行に移したのだと思われる。

だが、都会から遠く離れた秋田の山村で、成瀬ダムの移ろいを眺めている私には、そうした中央の動きが実感として伝わってこないことに一抹のもどかしさを覚える。雄物川本流で輪中堤の整備や木工沈床工などの伝統治水工法採用をPRしたり、*子どもたちを招いてダム見学会や自然学習会など開いても、免罪符的というか、「こんな環境に良いこともやっていますよ」と営業スマイルで言われているようで、どこかしらじらしさがつきまとう。

＊ 木工沈床工を採用する箇所が、伏流水や川床からの湧き水が噴出している場所である場合、魚の産卵床をつぶしてしまうことになりかねない。伝統工法といえども採用場所は吟味すべきであろう。

●無駄な公共事業百選

一方では学者やジャーナリストなどが集まって一九九八（平成一〇）年に発足した「二十一世紀環境委員会」が、「緊急に中止・廃止すべき無駄な公共事業百選」（無駄な公共事業百選）を選定した。反対運動が大きなうねりとなり、全国的な広がりへと発展した長良川河口堰（三重・岐阜・愛知）を筆頭に、〝ギロチン〟による水門閉め切りが全国に衝撃を与えた諫早湾土地改良事業（長崎）、ひとつの村を地図から消滅させた全国最大規模の徳山ダム（岐阜）などが名を連ねた。

「水源の森百選」「名水百選」といった○○百選は、環境省などによりいくつも選定されているが、市民団体がこれを逆手にとって、国の政策に異議を突きつける「無駄な公共事業百選」を選定・発表するのは画期的であった。反面、事業を推進する地元自治体から反発が起こったが、無駄に税金を浪費するだけの公共事業が地方にはあまりにも多く、政権与党も改善の必要性を認識しており、だからこそ十八か所のダム事業を中止・休止したのだろう。

秋田からもふたつの公共事業が、栄えある「無駄な公共事業」に輝いた。ひとつは成瀬ダムで、もうひとつが大仙市（旧仙北郡太田町）に建設が計画されていた真木《まぎ》ダムである。このふたつのダム事業、規模や事業主体などの違いはあるが、自然に与える負荷に大差はない。川の流れを分断し、生態系を破壊するダムであることに変わりはないのだ。そして両者に共通するのが、「地元の要望」が強いということである。

●東成瀬村とダムとの関係

ここで成瀬ダムのルーツをさらっておきたい。

じつは肴沢ダム以降、東成瀬村におけるダムの計画は、いまの成瀬ダムのほかにも存在したのである。肴沢ダムと国交省直轄の成瀬ダム以外に少なくともふたつ、成瀬川にはダム計画があった。いずれも計画の段階で消えていったのだが、肴沢ダムと大きく違う点が、消えたふたつのダムは農業用ダムだったということである。

そのうちのひとつが「草ノ台ダム」だ。一九六八(昭和四三)年八月の広報誌から引いてみよう。これは、「移動県庁」とやらで当時の小畑知事ら県関係者との間で交わされた問答の一部である。成瀬ダム策定前の広報誌におけるダムに関する記述は、私が調べたところこれが唯一だ。

(問)「ダム建設の見通しと地下資源開発について」

(答)「草ノ台にダム建設の話があったが、土質の関係で中止された。地下資源の調査は現在、成瀬川流域でも進められる計画である」

これだけである。この短い記述から推し量れるのは、かつて肴沢ダムでみせた拒絶反応がみじんも感じられないことであろう。村は「草ノ台ダム」に反対していないばかりか、誘致さえ匂わせている。

そしてもうひとつは、農林水産省が独自で計画していたという農水省版「成瀬ダム」である。

『毎日新聞』秋田版連載ルポ「秋田の自然解体新書」（一九九八年二月一八日付）によれば、総貯水量四五九〇万立方メートルのうち堆砂容量を除いた四二〇〇万立方メートルすべてが農業用水に充てられるという純粋な農業用ダムが成瀬川に計画されていたのだ。環境アセスメントも実施していながら、農業用ダムでは農家の負担額が大きかったため、反発を招いて結局廃止となったのであるが、地元の東成瀬村でこのダムに対して異論が噴出したという形跡は見当たらない。

肴沢ダムを断固拒否した村が、なぜダム受け入れに転じたのだろうか。肴沢ダムはだめで、草ノ台ダムや成瀬ダムはなぜよいのか。

先に挙げた「草ノ台ダム」の経緯をたどれば、おおよその見当がつく。横手市（旧増田町）真戸《まと》の成瀬頭首工脇にある「水利調整対策協議会のあゆみ碑」裏面に刻まれている記述を紹介したい。

「私達の祖先が今から一二三九年前（天平五年）頃より成瀬川を水系として稲作農耕をなし生活を営み今日に至っている。明治を前後して水の需要が増え水利権をめぐって水争いのため流血の惨事を起す事態が数限りなく生じた。これを解消するため昭和二十二年農林省が東福寺にダムを計画したが地元の反対のため断念しその後草の台に変更したるも地盤脆弱のため中止となり昭和三十三年多目的ダムとして皆瀬ダムが築造されたが増田地域の潅漑用水として潤わず……」

八三ページで簡単に触れたが、戦前まで平鹿平野の農業用水不足は想像を絶するものだったらしい。一九二三（大正一二）年ころ、旧増田町で合川原戦争という水争いが勃発した。地主が新たに開墾した農地へ水を引くのを阻止しようと、下流の農民がトラック三台に分乗して昼夜通して見張りにつき、夜中になると合川原の者が引水に現れては見張りと喧嘩沙汰を引き起こしたという。調停で決着するまで長く水争いがつづいた事件である。このような水をめぐる流血の事件を根本から防ぐべく、故・笹山茂太郎代議士が先頭に立って農林省に働きかけ、一九三九（昭和一四）年から四二年もの年月を費やして国営・県営雄物川筋農業水利事業を完工させた。皆瀬ダムに農業用水分を確保し、皆瀬・成瀬頭首工を完成させたのが大きな業績であった。

こうした歴史をみるだけでも、平鹿平野の農家にとって水の確保は死活問題であった。思うに、東成瀬村は水源にあるため農家が水に特段困ることはなく、また水をさほど必要としない葉煙草を栽培する農家も多いせいか、恵まれた条件下にある自分たちに負い目を感じ、水不足に苦しむ下流域の農家の辛酸に同情を覚えたのかもしれない。遠い里からはるばる成瀬川源流をめざし、わらにもすがる思いで雨乞いの神が宿る赤滝を詣でる姿を見て、「なにかしてあげたい」と思うのは、おなじ百姓として自然な気持ちであろう。東成瀬村が農業用ダムに反対どころか協力的なのは無理からぬことなのだ。

●成瀬ダムは「想いつき」？

ただしそれらは過去のこと。水争いは先覚の努力によってすでに解消されている。話を成瀬ダムのルーツに戻そう。

広報誌にて成瀬ダムの概要がはじめて明らかになったのは一九八三（昭和五八）年の一一月号、佐々木知事が村を訪問したときの懇談会の内容だ。

成瀬ダムの早期着工について

村長「成瀬ダムの着工、完成を図られたい」

土木事務所長「雄物川総合開発計画の一環、又、県総合発展計画の重点目標にもかかげているので、皆瀬村の板戸ダム完成後の六十年度頃から着工できるように国に要望している。ダムの規模は、堤長六〇五メートル／高さ一〇三メートル／体積六六二万立米／事業費　六五〇億円」

知事「雄勝郡から平鹿郡の農業用水路の確保や多目的ダムとして関係者から強く要望されて

いるが、地すべり地帯でもありまた、大きなダムである為、建設省も慎重な調査をしている」

東成瀬村はこれを皮切りに県や国へダム早期着工の陳情をいっそう積極的に進めるが、村が成瀬ダムの「着工、完成を図られたい」と県に要望する意図、つまりどのような期待を寄せていたのか具体的な姿がなかなか見えてこない。それを知るヒントが一九八二年発行の『新あきた風土記　県南編』(秋田魁新報社)に書かれてある。八二年から四期にわたって務めた後藤幸司村長が、同書にて「想いつくまま」との見出しでこう述べているのだ。

「今、私が最も期待し希望しているのがそうした利用が効率的に出来るダム建設であり、ダムによる波及効果である。ダムを中心とした産業、特に農業水利の安定確保、ならびに観光施設、保養地としての総合整備、さらに岩手県、宮城県と連携しての周遊観光コースの設定、これらに付随した大規模スキー場の設置によって通年観光を図り、併せてボーリングによる温泉開発と温水プールの設置等々を考えたい。当然、多目的ダムとしての発電所建設、これらに伴う税収の増、さらにはダムに流入する砂利、砂を活用しての砕石や、生コンクリートの総合プラント建設なども考えられないものだろうか。湖水面を利用しての遊覧、釣りなども当然考えられるし、付近一帯の山岳道の整備とキャンプ場の設置、豊富な山菜の土産品と加工場誘致により、雇用促進も推進したい」

まさに「想いつき」的内容であるが、ということは、成瀬ダムはそもそも村にとって「想いつき」を寄せ集める道具なのか。観光施設・保養地・温泉開発ｅｔｃ……ダムの目的にはあたらない「想いつき」のパーツをくっつけるための。

原点に立ち帰って考えるなら、水を治めるなり確保する必要が生じた場合、その手段は堤防の改修や水路の整備といったソフトなやり方を先に検討し、川にはできるだけ手を加えず、周辺住民にも負担をかけさせず、予算的にも低価格かつ短期間でできる道を選択するのが筋であろう。「ダム建設」は、そうしたソフト面でどうにも対応しきれないとき、つまりほかに方法がない場合においてのみ採用される「最後の選択」であるはずだ。

ところが成瀬ダムは、最初から「ダムありき」でスタートしていた。それは「想いつき」であった。堤防も水路改修もハナから度外視されていた。人里離れたところに農業用ダムを造る。それに村はさまざまなパーツを散りばめる。ダムを造る側と受け入れる側の利害が一致したとみるのは論理の飛躍か。

集落を水没させる洪水対策用の胥沢ダムはついえたが、奥地での農業用ダムについては村は理解を示した。いくつかのダム計画が亡霊のようによみがえって静かに胎動しはじめ、現在の成瀬ダム建設事業が産み落とされる。成瀬ダム事業が公式に始動したのは予備調査開始の一九七三（昭和四八）年四月。当初は県の事業として進められていたが、国の直轄として調査費が計上されたのが一九九一（平成三）年度だ。この年に村は「東成瀬村新総合発展計画」を策定し、成瀬ダムをその中核に位置付けたのである。

村はいよいよ成瀬ダム建設促進を村内外にアピールする。堤防や水路改修よりもはるかに大きな予算が下りてくるダムをもってきて村の発展に活かすのだ。これを村民に周知徹底させるべく、建設省から担当者を招いて成瀬ダム学習会を開催し、下流の旧増田町と歩調を合わせて、村民へダム建設の理解と協力を仰いだ。村はこうして城内にいる側でありながら自ら外堀を埋め立てていった。

これが成瀬ダムをめぐる村の公式の態度だ。一貫してダム建設支持・推進である。

そしてその後の経緯は周知のとおり。一九九六(平成八)年八月にお手盛りのダム審議会で「成瀬ダム建設は妥当」との判断が下されると、成瀬ダムは着工へ向けて本格的に動き出す。環境アセスメント準備書の不手際や森林生態系保護地域水没問題などいくつかの躓きを経ながらも、*一九九九(平成一一)年四月に寺田県知事は「(アセス準備書は)おおむね妥当」と事実上のゴーサインを出し、二〇〇一（平成一三）年五月にダム基本計画が官報公示された。

＊　一九九七（平成九）年、縦覧中の環境影響評価（アセスメント）準備書に植物種の大量誤記載が発覚し、手続きが一年中断した。一九九九（平成一一）年には、林野庁が設定する栗駒山・栃ヶ森山周

辺森林生態系保護地域に成瀬ダム湛水域が〇・五一ヘクタール食い込んでいることが判明し、両省庁の間で折衝が行われた。

そして同じ二〇〇一年十一月には工事用道路建設が着工され、有史以前より変わらぬ姿を保ってきた東成瀬村の自然の核心部へ、ついに重機のメスが入りこんだのである。

ダム反対の声が村内にないわけではない。それらが封殺されているわけでもない。対して「ダム早期完成を」といった類の看板もほとんど見当たらない。村民はおしなべてダムについて触れようとはしない。

村民の本音はどこにあるのかわからないが、いずれにせよダムを造る国交省側としては、これほどやりやすい事業はないのかもしれない。

●真木ダムの〝異変〟

成瀬ダム計画発表から三〇年。都会の部外者団体に「無駄」とのレッテルを貼られようとも、地元の全面的な後押しがある限り、計画がひっくり返ることはない。時代の変化に応じて多少の曲折はあろうが、中止になることはありえないと、ダムを推進する側は信じて疑わないだろう。

そんな折、真木ダムを抱える大曲・仙北地域に激震が走った。真木ダム中止である。旧太田町の斉内川（雄物川支流）に計画されていた真木ダムを、県は二〇〇五年二月、中止することを決めた。県営真木ダムは、雄物川水系の洪水調節と水道水確保が大きな柱で、わけても水道水は地元の要望が根強く、新生大仙市では真木ダムを前提とした上水道整備事業が盛りこまれていたのである。

県が説明するダム中止の理由はこう。

①着工しても完成まであと一八年かかる
②玉川ダムの余り水がすぐにでも転用可能
③ダム建設費の約三〇〇億円の半分もあれば川幅拡幅や堤防建設ができ、経済的

というものだ。もちろん反発が沸き起こったが、どの言い分も情緒的なものだ。玉川の水は不安だの、大王製紙誘致失敗のツケを回すなだのといったところ。地元旧八首長が県知事に対し中止撤回を申し入れたが、現実的で経済的な代替案がある以上、真木ダム中止はあまりにも当然である。栗林・大仙市長もほどなく「中止は理解できる」と報道で語った。

もともと真木ダムに寄せる期待などというものは、水道水や治水以上に、予算三〇〇億とい

う公共事業がもたらす経済波及効果にほかならない。三〇〇億円のカネが降ってくると勝手に思いこんだだけのこと。「経済効果」の指摘に対して知事が「ダム建設は県内の業者ではできない。河川改修の方が地元発注で地域に還元できる」（二〇〇五年三月一三日付『秋田魁新報』）と住民説明会で述べたとおりだ。

知事はさらに三月一四日の定例記者会見でつぎのように述べた。

「歴史的には、二十四年、二十五年も時間かけていることが、今のダムの価値観というか、ダムのあり方という根本的な問題まで触れることができる時期にもきてますしね、まあ代替案があるとすれば、私はそちらの方でできるだけ速やかに、地域住民の方々に住民サービスを提供するという本来の行政のあり方で主張してまいりたいと、そう思います」

代替案があれば、事業を中止することにためらいを感じる必要などないのだ。一一四ページに書いた成瀬ダムの貧弱な洪水調節機能についても、「速やかに、地域住民の方々に住民サービスを提供する」という見地に立てば、県がどう動けばよいのか見えてきてよさそうなものである。

それはそうと、全国無駄な公共事業百選・真木ダムは中止してしかるべきダムだ。県の英断を高く評価したい。長野県の田中知事は熊本での講演会で「川辺川ダムが安楽死することを願う」と語ったが、本書が発行されるころには真木ダムが寺田知事の手によって安楽死させられているとと信じよう。

業者にしてみれば、真木ダムで仕事の目算を立てながら当てが外れたことは気の毒だが、したたかさで定評のある秋田の商売人にとってはむしろチャンスととらえて差し支えなかろう。知事のいう「地元発注」の輪に入れるよう、業者は今後も鋭意努力を払っていただきたい。

だが「経済効果」という魔物が、地元の商工団体にここまでバラ色の夢を振りまいている現実をあらためて思い知らされた。これは成瀬ダムも例外ではないどころか、「経済効果」への期待は東成瀬村の方がはるかに顕著なのである。成瀬ダムにからむ予算は二〇〇四年度が一五億円、二〇〇五年度は一六億一四〇〇万円と、順当に配分されている。いまはまだ周辺工事の段階だが、これらの予算はどこの業者が獲得しているのだろう。

●「経済効果」はまぼろし

国交省湯沢工事事務所ホームページ（ＨＰ）コンテンツ（目次）に「入札・契約情報」という項目があり、そこを見るとどの業者がどの工事を落札したかがわかるが、落札の経緯や入札に参加した他の業者名などは表示されていない。それらは、東成瀬村とって県内における巨大ダムの先例ともいえる、いま本体工事の盛んに行われている森吉山ダムＨＰから見ることができる（国土交通省および内閣府沖縄総合事務局の入札情報提供サービス http://www.ppi.go.jp/）。双方のダム事業を併せて調べてみた。

ざっと見たところ、ダム事業費が地元に落ちて経済を活性化させていると見るのはむずかしい。県内業者が落札しているのは、予定価格が数千万クラスの整地・舗装・試掘などといった副次的なものばかりで、一〇億単位のカネが動く成瀬ダムの国道付け替えトンネル工事は関東と関西の大手ゼネコンによる共同企業体（ジョイントヴェンチャー＝ＪＶ）が落札し、森吉山ダム工事でも、巨額が投入されるダム本体建設など中核的工事はゼネコンＪＶが随意契約*でかかっている。工事以外の設計・検討などの業務も多くは県外や都会のコンサルタント会社が引き受けている。それにしても成瀬ダムと森吉山ダム双方で、少なからぬ数の業者名がダブっているのに感心させられた。

＊ 随意契約とは、一般競争入札を原則とする契約方法の特例方式。国や県などの発注者が任意に業者を選んで契約するもので、緊急性や独創性（他の業者ではできない）などに優れた業者に限られる（会計法二九条）。競争入札にかかる手間が省け、効率的とされている一方、特定の業者に偏りがちになり、発注者と業者の関係が親密化し、価格の適正が保たれなくなる恐れが生じるという弊害も。「随意契約」で落札した業者は、要するに国交省と非常に仲がいいということになろう。ちなみに二〇〇四年度の

成瀬ダムの業務で随意契約した相手方は、すべて財団法人であった。

やはりダム建設費はあまり地元発注の形では還元されていないようだ。そういえば大松川ダムが一九九八（平成一〇）年に完成した旧山内村の佐々木昭三村長（当時）はこんなことを語っていた。

「大松川ダムによる直接的な利益は感じていない」「隣の湯田町（岩手県）にはあんなに大きいダム湖（錦秋湖）があるが、ダムだけを目当てに来る観光客はほとんどいない」「水源地域対策特別措置法などで多少の恩恵はこうむるが、ダムで自治体振興を図るという考えにはちょっと無理がある。ダムで地域は潤わない*」（一九九八年二月四日付『河北新報』秋田版）

＊　旧山内村にはもうひとつ大畑ダム計画が存在するが、早期着工を求める動きは村内にも下流の旧横手市にも見当たらない。

市町村よりも県、県よりも国が発注する公共事業の仕事は、確かに業者にとって垂涎の的だ。業者は公共事業があってこそ食べていけるといっても過言ではない。仕事で、県の出先機関である湯沢市の雄勝地域振興局を訪れたとき、建設部オフィスの入り口に奇妙なものが置かれていた。名刺受けの上には「工事発注や業務委託に関係する業者の皆様へ（お願い）」という紙が張り出されてある。名刺受けの使用法は想像におまかせするが、県の担当者に取り入って公共の仕事にありつきたい業者の健気な姿が連想されよう。

真木ダムはよりわかりやすい安価な代替案があったから、奇跡的に中止になった。ひるがえって成瀬ダムはいまもって地元が要望し、一丸となって推進しつづけている。業者にとって成瀬ダムは、公共事業に対する逆風などどこ吹く風かというような〝カネの成る木〟として発芽した。強靭な根を張るそいつは格段の旨みを放ち、業者を食いつかせて放さない。旨みはこれから麻薬的な味をかもし出してさらに増幅されていくだろう。ただし地元がその旨みに群がるのは限界がある。哀しいかな分相応というやつだ。そのことに気付いたときはもう手遅れであろう。だから早く気付いてほしい。「ダムで地域は潤わない」ことを。

湯沢市雄勝地域振興局建設部入り口の風景

あとがき

目に焼き付いて忘れられない光景があります。

山登りの趣味にはまって二カ所目に登った山は、旧仙北郡千畑《せんはた》町にある真昼岳（一〇四九メートル）でした。十一年前、一九九五年の九月に私はこの山へ登り、山頂から岩手県側を見下ろして広がる光景に言葉を失ったのです。このときの模様をつづった登山記から抜粋してみます。

「林道が走っている。まだ新しい。標高九〇〇メートルの前後の山腹を削り落とすように白く土が剥き出しになってぐにゃぐにゃと続いている。それだけではない。一帯は多分ブナの原生林だったのだろう。ちょうど碁盤のようにマスの中が稲のごとく刈り取られ、残された樹木の帯が悲しげに立ち尽くしている。〝マス〟には杉が植えられているようだ」

この林道は秋田・岩手両県を結ぶ峰越え林道ですが、私はこのとき千畑町の里にちかい麓の登山口から登ったため、林道の存在を知りませんでした。林道自体は県内の山間部のどこにでもあります。山菜取りや渓流釣りなどで私もよく利用していたし、林道を歩く分においては、道路の周辺に放置されているゴミに苦々しい思いを抱きつつも、林道そのものに対してはとりたてて意識していませんでした。

しかしこの真昼岳登山のとき、はじめて上方から下界の林道を目の当たりにし、そのケタはずれの自然破壊ぶりに唖然とさせられ、認識不足を痛感させられました。道路脇の粗大ゴミに舌打ちすることはあっても、林道そのものの存在を私はほとんど意識することがなかったのです。自然を壊しているのはゴミである以上に、林道なのだということをまざまざと見せ付けられたと言えます。

山歩きをしながら目に付くゴミは見て見ぬふりをします。しかし林道はいやでも歩かざるをえない。林道を利用する側であるからなんの矛盾も覚えない。観光パンフレットには美しい自然の写真が大きく載っています。その陰には破壊された自然がある。観光客は美しい自然に惹かれ、それに触れるため秋田を訪れます。しかしパンフに載らない陰の部分を見ることはありません。なぜなら隠されているから見る機会がない。存在すら知らない。

真昼岳登山以来、私はそうした「隠された自然」をむしろ積極的に歩くようにしました。観光コースにはありえない自然破壊の現場の数々をえらび、歩き、見て確かめました。壊された・歪められた自然にこそ学ぶものがあると思ったからです。そうして目撃したのは完成のあてもないのに県境まで開通した奥産道、立ち木に火を放って焼け野原にされた県道工事最前線、地元の水源でもあり自然の核心部でもある最奥に穿われた林道、鉱山性で安定した地質なのに幾重にも造られた土砂のたまっていない砂防ダムの群れ、里山に突如出現した送電線タワーなど……。

そのような現場の数々を私は記録していき、あまりにひどいものは新聞社へ投書しました。正業のかたわらであるため時間が思うように工面できず、果たせないままに終わった案件もあります。秋田・青森にまたがる白神山地は世界遺産に登録されましたが、かつて旧八森《はちもり》町は、全町を挙げて最後まで青秋林道完成にこだわりました。それもいまでは過去ですが、そんな恥の過去を県民はどれだけ活かそうとしているか、ときどき不安を覚えることがあります。少なくとも事実は事実として後世に伝え遺さなくてはなりません。でないとまた同じ過ちを繰り返すかもしれない。日本人はとかく過去の過ち・恥を忘れがちです（他の国でもそうなのかもしれませんが）。反省しない国民性といっては言いすぎでしょうか。記録を残そうと思った理由はそこにあります。

本書で主題とした「成瀬ダム」も、そうした活動の一環として九年前からとりかかっていたもので、その実態は右に私が挙げたいくつかの例が束になっても遠く及ばない規模であるという結論に達せざるをえません。くわしい内容は本文にて紹介したとおりですが、自然はもとより文化的にも精神的にも、成瀬ダムが引き起こすものはマイナス面が明らかに多い。

しかし国交省は、成瀬ダムがいかに地元や県民に貢献するかをひたすら説くばかりで、例に漏れずマイナス面は隠しています。われわれの税金を使ってこしらえ、良いことずくめに彩られた成瀬ダムのパンフは、秋田県民や地元民が正確な判断をくだすための材料として、果たしてふさわしい資料といえるのか、どうみても均衡を欠いているのではないでしょうか。

本書は、国交省が触れない負の部分に焦点をあてて、つまりはバランスをとるために、つたない文章で構成したものです。二〇〇三年秋から〇五年の春までの間に東成瀬村を歩いて体験した出来事に、かねてから取材して得られた事実関係を織り交ぜております。どうかダムの信を問うための参考にしていただきたいと思います。成瀬ダムを必要と思う人がいるように、「いらない」と思う人も確かに存在します。その「いらない」という根拠を、本書にて可能な限り論証したつもりですが、それでもなお成瀬ダムは造るべきであると判断されたなら、私はその民意を尊重する以外にありません。

取材を進め資料をそろえ、執筆に時間をかければかけるほどダム工事は着々と進み、東成瀬の自然と文化はじわじわと蝕まれていきます。力不足が否めずお世辞にも充分とはいえぬままでも、いま機会を逃しては手遅れになると考え、ここに発行する決断をしました。不要領で勝手の知らぬ素人取材は手間ばかりかかり、執筆も大幅に遅れました。事実関係は可能な限り裏付けと照合を行ったつもりですが、ひとつたりとも間違いがないと自信を持っては言えません。お気づきの箇所はご指摘いただけたら幸いに思います。

終わりに、国交省・農水省の職員や東成瀬村職員・村民をはじめ、取材でご協力いただいたたくさんの方々に厚くお礼申し上げます。また表現方法などで感情的に走り、関係者の方々の心を傷つけたきらいもあります。ここにお詫び申し上げたいと存じます。また、本書の資料として、秋田弁護士会の「成瀬ダム建設計画に関する意見書」の収録を快諾していただいたことについて、秋田弁護士会に感謝いたします。

この冬（二〇〇五年〜〇六年）は、本書に出てくる前年度をはるかに上回る豪雪に、東成瀬はもとより東北・北陸全域が襲われました。謹んでお見舞い申し上げるとともに、本書の発行時分、すでに春爛漫に包まれているであろう雪国人の喜びをともに分かち合いたいと思います。

そしていま一度、関係省庁の方々に、国民に、秋田県民に、そして東成瀬村民に、私は問いたいと思います。

——成瀬ダムは必要ですか。

二〇〇六年三月

樋渡　誠

参考文献

本文で紹介した以外の主な参考文献は以下のとおり（著編者名五〇音順）

秋月岩魚・半沢裕子『警告！　ますます広がるブラックバス汚染』宝島社

朝日新聞秋田支局編『川の思想』秋田書房

朝日新聞岐阜支局編『浮いてまう徳山村』ブックショップ・マイタウン

天野礼子『ダムと日本』岩波新書

網代太郎『大王製紙問題と秋田の自然破壊』無明舎

伊藤緑郎『村の春秋』イズミヤ印刷

大牧冨士夫『徳山ダム離村期』ブックショップ・マイタウン

川辺川利水訴訟原告団・川辺川利水訴訟弁護団『新版・ダムはいらない――球磨川・川辺川の清流を守れ』花伝社

熊本日日新聞編集局編『山が笑う　村が沈む』葦書房

佐藤晃之輔『秋田・消えた分校の記録』無明舎

杉山あおい＆彰『「時代遅れ」入門日記』無明舎

参考文献

杉山秀樹『オオクチバス駆除最前線』無明舎
鈴木郁子『八ッ場ダム――足で歩いた現地ルポ』明石書店
高橋ユリカ『誰のための公共事業か』岩波ブックレット
田口昌樹『「菅江真澄」読本』無明舎
東北地方建設局湯沢工事事務所『水防シンポジウム（記録集）』
中里喜昭『百姓の川　球磨・川辺――ダムって、何だ』新評論
二一世紀環境委員会『巨大公共事業』岩波ブックレット
萩原好夫『八ッ場ダムの闘い』岩波書店
稗田一俊『鮭はダムに殺された　二風谷ダムとユーラップ川からの警鐘』岩波書店
福岡賢正『国が川を壊す理由』葦書房
藤田恵『脱ダムから緑の国へ』緑風出版
藤原信『なぜダムはいらないのか』緑風出版
『増田町史』
山下弘文『諫早湾ムツゴロウ騒動記』南方新社

『秋田魁新報』
『朝日新聞』

『岩手日報』
『河北新報』
『しんぶん赤旗』
『東奥日報』
『毎日新聞』
『読売新聞』
『サンデー毎日』
『週刊金曜日』
『世界』
『前衛』

花伝社の本

川辺川ダムはいらん！
――住民が考えた球磨川流域の総合治水対策――

川辺川ダム問題ブックレット編集委員会
定価（本体 800 円＋税）

●この清流を残したい
川辺川ダムはいまどうなっているのか？　住民の視点でまとめられた、ダムに頼らない治水対策。

樋渡　誠（ひわたし　まこと）
1968年、秋田県稲川町（現湯沢市）生まれ。
家業に従事するかたわら、秋田の文化と自然を見つめつづけている。
2001年～04年秋田県自然保護指導員。

著書に
『さようなら大柳小学校』（2001年、イズミヤ印刷）

この清流を守りたい――秋田・成瀬ダムは必要ですか？

2006年4月25日　初版第1刷発行

著者 ――― 樋渡　誠
発行者 ―― 平田　勝
発行 ――― 花伝社
発売 ――― 共栄書房
〒101-0065　東京都千代田区西神田2-7-6 川合ビル
電話　　03-3263-3813
FAX　　03-3239-8272
E-mail　　kadensha@muf.biglobe.ne.jp
URL　　http://www1.biz.biglobe.ne.jp/~kadensha
振替 ―――00140-6-59661
装幀 ――― 佐々木正見
印刷・製本 ―株式会社シナノ

ISBN4-7634-0462-8 C0036

資　料

秋田弁護士会「成瀬ダム建設計画に関する意見書」

2000年9月29日

意見の趣旨

成瀬ダム建設計画は、環境影響評価手続に不備があること、貴重な自然環境の保全が十分でないこと、治水・利水上の必要性に疑問があること、代替案の検討が不十分であることなど、事業計画に重大な問題点が認められる。従って、環境影響評価法により環境影響評価手続をやり直すなど、事業について、その中止を含めた抜本的な検討を加えることが必要である。

意見の理由

第1　成瀬ダム建設計画の概要と当会の調査経過

1　成瀬ダム計画の概要と経過

成瀬ダムは、秋田県東成瀬村の成瀬川上流に建設を計画されている多目的ダムである。

平成12年8月15日に示された基本計画によると、総事業費は約1530億円、堤体の高さ113.5 m、長さ690 m、たん水面積2.26㎢、総貯水容量7870万㎥の巨大ダムである。

同ダムは、昭和48年4月に秋田県が予備調査を開始し、昭和58年4月に県が実施計画調査を開始したが、その後計画は進展せず、平成3年4月に国の直轄事業に移行し、事業主体が建設省東北地方建設局（湯沢工事事務所）となった。計画から事業着手までに長年月が経過したため、いわゆる「ダム事業審議委員会」が設置されたが、平成8年5月

に「建設に関する基本計画原案」が提示され、同年8月、成瀬ダム事業審議委員会が「ダム計画は妥当」との意見を提出した。

平成9年4月、同工事事務所は、環境影響評価のための調査等に着手し、同年11月、環境影響評価準備書を1ヶ月縦覧に付した。

ところが、同準備書中に、秋田県に生育していない植物が記載されているなど「不備」が多数発覚したり、調査会社が資料を紛失するなどの事態が発生し、同工事事務所は、縦覧後の手続を「中断」し、「追加調査」を行うこととなった。

平成10年5月から「追加調査」が実施されたが、その後も、昆虫リストにも間違いが判明したり、ほ乳類、水生昆虫類のデータの訂正や、ワシタカ類の調査データを公表し、同年12月8日から、環境影響評価準備書の「再度の縦覧」を行った。

平成11年1月21日住民意見書の提出を締め切ったが、合計23件の意見書が提出された。

同年4月21日、知事が準備書についての意見書を提出し、同年5月7日から、環境影響評価書が縦覧された。

その後も、同工事事務所は、「追加調査」の結果を公表し、平成12年8月15日には、ワシタカ類等の「生物環境調査結果」を公表した。

現在同工事事務所は、秋田県知事に対し成瀬ダム建設計画に関する意見を求めている。

2　当会の調査

当会は、環境影響評価手続について継続的に調査研究を続けていたところであるが、1993年2月23日、「環境アセスメント条例制定を求める意見書」を公表し、秋田県に対し、早期に環境アセスメント条例を制定することを求め、2000年5月11日、秋田県に対し、秋田県の環境影響評価条例の骨子案に対する意見書を提出した。

また、真木ダム建設計画に関する報告書（1995年2月15日）を公表した。

成瀬ダム計画についても、継続的に調査を続け、1998年4月16日には、湯沢工事事務所を訪問し、ヒアリングを行い、1999年8月11

日には、同ダム計画予定地を現地調査したほか、関係市町村、同工事事務所への文書照会による調査を行った。

以下の意見書は、これらの調査結果に基づくものである。

第2　環境影響評価手続上の問題点

1　成瀬ダムの環境影響評価の経過

成瀬ダムの環境影響評価手続を、時系列的に並べると、以下の通りである。

平成9年11月　環境影響評価準備書を一ヶ月縦覧。
- 同準備書に「不備」が発覚。
- 秋田県にない植物が記載されていると県自然保護課が指摘。
- 調査会社が、資料を紛失していたことが判明。
- 建設省湯沢工事事務所が、「追加調査」を決定。

平成10年 5月～　「追加調査」実施。
　　同年　7月　昆虫リストにも間違いが判明。
　　同年　9月9日　ほ乳類、水生昆虫類のデータを訂正。
　　同年　11月30日　ワシタカ類の調査データを公表。
　　同年　12月8日～　環境影響評価準備書の「再度の縦覧」。
平成11年 1月21日　住民意見書の提出締め切り。23件の意見書提出。
　　同年　4月21日　知事が準備書についての意見書提出。
　　同年　5月7日～　環境影響評価書の縦覧。
平成12年 8月15日　工事事務所が「生物環境調査結果」を公表。

2　問題点

(1)　法的手続の不備

①「追加調査」とアセスメントの「やり直し」

成瀬ダムに関する平成9年からの「環境影響評価」手続は、いわゆる「閣議アセス」(昭和59年8月29日閣議決定「環境影響評価の実施について」を受けた「建設省所管事業に係る環境影響評価の実施について」1985年4月建設事務次官通知) で行われた。

ところが、右手続において、調査の不備が相次いで発覚し、準備書の記載の不備が指摘された。

環境影響評価法（平成９年成立）でも、調査の不備が生じた場合の措置が明示されているわけではないが、準備書、評価書に対する意見等への配慮によって、「修正」についての環境影響評価を行うこととされている（21条、25条）。また、公告後でも「環境の状況の変化その他の特別の事情により」「再実施」することができるとされている（32条）。

ところが、閣議アセスには、このようなアセスメントの調査不足などが判明した場合の、「中止」「中断」「再実施」等の規定がない。

したがって、本件のような「不備」が指摘されたときに、どのような手続をとるかが、規定上不明であり、事業者の任意の判断に委ねられているのが実情である。

実際、平成９年に準備書が縦覧された時点で、不備が発覚し、手続を「中断」した際、その後の手続を、どこから「再開」するのか、基準、規定が明確でなかったため、事業者も混乱した。当時、工事事務所側では、準備書の縦覧と住民意見書の提出は終了したので、知事意見書から再開する方針も示していた（同年10月25日付朝日）が、結局、準備書の縦覧からやり直したという経緯がある。

また、その後の「やり直し」調査の位置づけも、手続き上不明であった。

たとえば、本年（平成12年）８月における上記調査結果の公表は、「法に基づく手続ではない」（８月16日付さきがけ）と説明されている。つまり、その公表は「縦覧」ではないということのようである。とすると、これに対する意見を求めても、その意見は、どのように扱われるのかについて、法的な保障はないことになる。

これらは、いずれも、調査の不備について再実施等の手当規定が定められていない、という手続上の不備に由来していることを示している。

②　しかも、後述するように、本調査の不備は、調査自体の信頼性を根本から損なうものである。同じ調査会社による「追加調査」のみをもって、再調査の信頼性が高まるとも思えない。

別の調査機関による「再実施」が必要であったと考えられる。

また、「追加調査」は、調査項目毎の「調査」と「評価」、「公表」という形で行われたが、この「五月雨式」の調査等は、生態系を含む「環境全体」への総合的な評価が何ら考慮されていないという批判を免れないところである。個別の種に対する影響だけを個別に判断するだけでは、当該地域の生態系への影響を十分に評価検討したとはいえないからである。

また、「追加調査」を迫られたのは、当初の調査が不十分であったこととあわせ、事前の調査項目の検討が不十分であったことも示している。例えば、シノリガモの生息情報が、評価書に記載されず、その後（11年8月頃）になって判明し、引き続き調査検討されている。

これらも、環境影響評価法のスコーピング手続に準じて、調査項目、調査手法について、住民等の意見を求めれば、防止できた可能性がある。

以上の通り、調査の信頼性や調査項目等の問題、生態系への配慮等の観点からも、遅くとも平成10年5月の時点において、環境影響評価法に基づく手続を「再実施」すべき事案であったといえる。

⑵　内容上の不備

①　代替案の検討について

環境影響評価においては、代替案の検討が不可欠である。

ところが、成瀬ダムに関して、環境影響評価準備書等において、代替案の記載はなく、検討や議論がなされていない。

わずかに、平成9年の「成瀬ダム計画技術レポート」に、代替案の検討として、堤防嵩上げ案等の代替案が示されているが、後述するように（第4―4)、十分な検討がなされているとは言いがたい。

したがって、環境影響評価準備書等において、十分な代替案の検討がなされるべきであった。

②　調査の信頼性

上記の通り、本件の「調査」には、極めて信頼性を損なう事実が指摘されている。

例えば、平成9年11月、環境影響評価準備書が縦覧されると、同準備書の「陸上植物」の項に記載されている619種の内、秋田県内に生育が確認されていない種が少なくとも34種もあり、また、ランについ

て16種の欠落があると指摘された。

工事事務所は、翌年平成10年5月から追加調査を実施したが、追加調査の結果、同年7月、昆虫類のリストにも間違いが発見され、同年9月には、哺乳類、水生昆虫類のデータが訂正された。更に、同年11月には、聞き取り調査のみで確認していたヨタカ、メボソムシクイの2種が現地で確認されたこと、同準備書で4ヶ所とされていたクマゲラと推定される鳥の古巣などが、新たに8箇所増えたと訂正された。平成11年8月には、ダム予定地内で、環境庁レッドリストで絶滅のおそれのある地域個体群に指定されているシノリガモの生息が確認されたが、このシノリガモは、前年度の環境影響評価書にも調査対象として記載されていなかった。そのため、工事事務所は、平成12年4月から8月に、営巣の有無等を「追加調査」した。

このように、調査の不備は多岐に及んでおり、同調査では調査が行われていないか、極めてずさんな調査が行われていたことを示している。しかも、調査会社が、調査当時のフィールドノート及び踏査ルート図を紛失していることが発覚したことからも、その調査の信頼性が著しく損なわれている。

また、「追加調査」も、当該年だけにとどまり、短期間であって、追加調査自体が十分な調査であったか疑問がある。

そして、これらの調査の不備が、結果的に準備書公開の時点で判明したが、もし、これらの指摘がなされないと、不備な調査のまま環境アセスメントが実施されてしまいかねなかったことになる。

③　「審査機関」の問題

環境影響評価の準備書及び評価書の検討には、住民の意見等のほか、専門家等による「審査」が求められる。

秋田県環境影響評価条例でも、秋田県環境影響評価審査会という「審査機関」の意見を聞くこととされている（37条)。

今回の環境影響評価では、事業者が、専門家の意見をどのように聞いたのかは、必ずしも明確ではない。

今回の環境影響評価に先立つダム事業審議委員会では、「環境・地質等調査専門委員会」の各専門委員会からの意見が出されており、その意

見は公表されたが、その後の手続にも、同種の専門家が関与したかは明らかにされていない。

「追加調査」の際、成瀬ダム事業審議委員会「環境・地質等調査専門委員会」が開かれた旨の報道があり（平成9年10月22日付さきがけ）、準備書の縦覧やり直しについても、同専門委員会が開かれたが、非公開（平成10年11月26日付さきがけ）であった。また、ダム予定地周辺にイヌワシ営巣地が確認されたが、「成瀬ダムに係るイヌワシ・クマタカ調査委員会（座長小笠原教授）」では、「イヌワシへの影響はない」とする意見が出されたとされる（10年10月7日付さきがけ）。そして、上記12年8月公表の調査結果について、工事事務所では、絶滅危惧種などが確認されたが、「専門家の話から、今の時点ではダムが建設されても保全は可能と考えている」と話しているが（8月16日付さきがけ）、その専門家が誰で、どのような意見かは明らかにされていない。

しかも、準備書に記載されている調査データは、それに先立つダム事業審議委員会の上記専門委員会の論議と並行ないし先行して行われていた調査の結果であるところ、ダム審議会に提出された上記専門委員会の意見にも、そのような不備は指摘されていなかった。したがって、上記専門委員会も、これら調査データの「不備」を指摘できなかったという点で、「審査機関」として十分ではない。

④　調査項目の限定

従前の閣議アセスメント手続では、調査対象項目として、公害防止や「貴重な」自然環境の保全に重点が置かれているが、環境基本法20条に対応した生態系、身近な自然、歴史的景観等の保全も、重要な調査・評価項目にされるべきである。

この点で、上記1②で指摘したように、個別の「種」毎に「追加調査」を行う手法は、生態系全体の保全という見地からの影響評価は十分にされているとはいえない。また、歴史的景観として重要な「赤滝」が、水没することについても、十分な評価がされているとはいえない。

3　まとめ

以上の通り、本環境影響評価は、いわゆる閣議アセスの手続に従って

いるところ、その手続や調査内容自体に、上記のような重大な「不備」が認められるものである。

これらの「不備」を解消し、住民参加や生態系全体の保全など、環境基本法、環境影響評価法が重要な立法趣旨としている点を十分に考慮するためには、「細切れ」「五月雨」式の「追加調査」を重ねて環境影響評価手続を履践したとするのではなく、環境影響評価法を適用した当初からの手続を再実施するのが相当である。成瀬ダム計画は、同法の適用が可能な第1種事業であり（同法2条2項、同法施行令第1条、別表二、イ）、同法附則第4条では、事業者は、同法の施行前の事業であっても、同法の適用のある事業については、同法の「規定による環境影響評価その他の手続を行うことができる」とされているのであるから、建設省においては、同法の適用による環境影響評価手続を、最初からやり直すことは十分に可能なのである。

第3　ダム建設による自然環境への影響

1　貴重な自然環境の破壊

成瀬ダム建設予定地及びその周辺には、「天然記念物緊急調査」（文化庁昭和45年）、「自然環境保全調査」（環境庁昭和56年、「第三回」平成元年）等で、特定植物郡落等としてとりあげられた「成瀬川上流のブナ林」「成瀬川上流部原生流域」「栗駒山の自然植生」等が分布する。また、「保護林の再生・拡充について（平成元年4月11日元林野経第25号)」に基づき平成6年3月に設定された「栗駒山・栃ヶ森山周辺森林生態系保護地域」が分布する。

このように、成瀬ダム予定地及びその周辺には、貴重な原生的天然林や原生林もしくはそれに近い自然林が豊富に存在している。しかし、成瀬ダムの建設によって、「成瀬川上流のブナ林」の95haが湛水区域に、147haが工事実施関連区域と重複し、「成瀬川上流部原生流域」はそれぞれ22ha、172haが重複し、「栗駒山・栃ヶ森山周辺森林生態系保護地域」は0.5haが湛水区域に、23.5haが工事実施関連区域と重複し、上記の範囲の原生的天然林等が消失するのである。

これに対し、評価書は、いずれも、本事業区域の外にも同保護地域

等が広く分布しているから、植生や保護地域の保全は図られるとして、「ダム建設による影響は少ないと考えられる。」と結論している。

しかしながら、評価書は、自然林・天然林を保護することにより、森林生態系からなる自然環境の維持や、動植物の保護が図られること、さらにはこれによって貴重な遺伝資源の保存が図られることの重要さに十分な配慮をしているとは言い難い。

特に、上述の森林生態系保護地域については、湛水区域と重複する0.5ha のうち、0.02ha は、同保護地域の核心ともいえる保存地域である。森林生態系保護地域は、ここが貴重な動植物の宝庫であり、これを保護するためには自然そのものを保護しなければならない地域であることが公認されているものであって、国有林の中でももっとも厳格に自然環境を守る制度である。これが本事業区域と重複することは、それだけで自然環境に与える影響が甚大であることを意味する。しかも、このように国自らが設定した森林生態系保護地域を、国がダム建設によって消失させる点で、制度の趣旨を没却するものである。

2　貴重な動植物への影響が予想される

⑴　本地域には、貴重な動植物が豊富に存在している。

成瀬ダム建設予定地及びその周辺には、レッドデータブックに「絶滅危惧種」として記載され、種の保存法に基づき「国内希少野生動植物種」と指定されたオジロワシ、イヌワシ、クマタカ、「危急種」であるミサゴ、オオワシ、オオタカ、ハヤブサ、クマゲラ、「希少種」のハチクマ、ハイタカの生息が確認されている。さらに、最近、環境庁のレッドリストで「絶滅のおそれのある地域個体群」とされているシノリガモの生息が目撃されている（シノリガモが栗駒山などの「山深い天然木材内を流れる渓流付近で繁殖が確認されている」ことは、昭和 59 年刊の小笠原暠著『秋田の野鳥百科』にも記述されている）。このうち、オジロワシ、オオワシ、イヌワシ、クマゲラは国指定天然記念物でもある。

また、国指定特別天然記念物であるニホンカモシカが頻繁に確認され、「希少種」で国指定天然記念物でもあるヤマネ、「希少種」のホンドモモンガ、オコジョ、環境庁の自然環境保全基礎調査で「絶滅のおそれのあ

る種・学術上重要な種等」とされたトウホクサンショウウオ、クロサンショウウオ、ハコネサンショウウオ、モリアオガエル、トミヨ等の貴重な哺乳類、両生類、魚類の生息が確認されている。

さらに、植物でも、レッドデータブックで「危険種」と記載され、かつ環境庁の「植物版レッドリスト」で「絶滅危惧II類」とされているオキナグサ、トガクシショウマ、ヤシャビシャク、ヤマスカシユリ、エビネ等貴重な植物の植生も確認されている。

⑵ ダム建設がワシ・タカ類に及ぼす影響

上記のとおり、成瀬ダム建設予定地及びその周辺では、貴重なワシ・タカ類が多種類生息している。

調査データによれば、イヌワシは、平成10年11月から同11年10月までの83日間をみても、調査範囲の全域において合計473回の飛行が確認され、うち調査対象区域及びその周辺では176回に及ぶ。また、調査対象区域及びその周辺におけるハンティング行動（索餌行動）25回、ディスプレイフライト2回、複数での行動8回が確認され、調査対象区域から複数の「古巣」と「卵殻片」が確認されている外、平成11年には、調査対象区域外数キロ地点で営巣中の巣とヒナが確認されている。

平成10年12月から同11年11月までの、クマタカについては、調査範囲の全域において158回の飛行が確認され、うち調査対象区域及びその周辺では98回の飛行が確認されている。また同区域及びその周辺におけるハンティング行動は7回、複数での行動15回、ディスプレイフライト6回である。

ちなみに、これらの飛行回数は、前年においてもほぼ同数が確認されている。

さらに、調査対象区域内において、複数のハイタカの巣及び幼鳥が確認され、鳥種の特定できない古巣も複数確認されている。

これらの諸データは、本事業地を含む一体の地域が、ワシ・タカ類の採餌の場として高度に利用されていることを示すばかりか、現に一部のワシ・タカ類の営巣の場であり、イヌワシにとっても営巣の場である可能性が高い。「古巣」の再利用の可能性も含めて、今後の長期間の調査が必要である。特に、近年、イヌワシの繁殖率の急落が大問題となっ

ており、ダム建設などの森林開発による餌不足が指摘されている。したがって、イヌワシへの影響評価にあたり、採餌について十分に留意されなければならない。調査によって、本事業地一帯が採餌場として高度に利用されていることが強く示唆される以上、ダム建設による「影響が少ない」とは言えない。

また、クマタカについても、上述のとおり多数回にわたり確認され、オオワシやハヤブサ等確認されているワシ・タカ類の種類が豊富であることからしても、調査地域がワシ・タカ類の生息に好適な自然環境であることがわかる。

評価書は、ダム建設事業による消失森林を除いても十分な森林が残るとして、これらワシ・タカ類についてダム建設による「影響は少ない」とするが、食物連鎖の高位に位置するワシ・タカ類は、生態系の変化の影響をもっとも受けやすい動物の一つであり、現に採餌場として利用されている可能性の高い森林の消失は、これらワシ・タカ類に甚大な影響を与える可能性がある。評価書には、このような安易な開発優先の姿勢が「絶滅危惧種」を増加させてきたことについての反省がない。このような「絶滅危惧種」に対する無配慮は、生態系全体の保護を求めた「生物の多様性に関する条約」の趣旨及び生息区域内保全を求めた同条約８条等に違反するものである。

なお、環境影響評価は、ワシ・タカ類の出現を調べるに留まっており、繁殖活動をしている固体を見分け、行動圏を把握することが必要とされるが、本調査データはそのような調査を行っていない。したがって、そもそもワシ・タカ類への環境影響評価をなすには調査方法に不備がある。

⑶　クマゲラへの影響

調査データによれば、危急種のクマゲラについても、古巣が７箇所と採餌痕５箇所が発見され、湛水区域内の古巣も確認されている。これらは、調査対象区域内及びその周辺が、クマゲラの営巣及び採餌場所として高利用されていることを示すものである。

評価書は、クマゲラの生育に適する環境であるブナ群落がダム建設により消失しても、「本事業区域の他にも成瀬川流域には、ブナ群落が広く分布している」から、「影響は少ない」とする。

しかし、ダム建設によって、貴重な「成瀬川上流のブナ林」等が消失することは前述したとおりである。白神山地でも、ブナに大きく依存して生活しているクマゲラが、ブナ林の消失や人為的影響によって危機的な生育状況となっていることが林野庁の調査で報告されているように、現に高利用されているブナ林が消失することは、クマゲラの生育に重大な影響を及ぼすことが予想される。したがって、本事業は、クマゲラの生息にとって、「影響が少ない」とは言えない。

⑷　生態系全体の保存の必要性

その他、前述した貴重な動植物についても、準備書は、生息・生育地域の一部が本事業により水没あるいは消失しても、他に十分な森林・渓流等が残ることを理由として、影響は少ないとしている。しかしながら、絶滅のおそれのある種や希少種が生息・生育する場を減少させること自体が何ら問題とされていない。さらに、これら貴重種の保全のためには、その生息・生育する生態系全体を保全しなければ、結局その保全はまっとうできない。評価書は、これら貴重な動植物が、そもそも微妙な生態系の上に生息・生育していたがために、開発による環境変化に対応できず「絶滅危惧種」「希少種」となってしまったことに対する理解が欠けている。生態系への影響を把握するために、ありのままの自然を科学的に認識する必要を打ち出した環境影響評価法の趣旨からしても、貴重種がこれほど多数存在すれば、生態系全体の保全の必要性が認識されなければならない。「貴重種だけが貴重なのではなく、多数の種が群集として各々の再生産を繰り返してきたことが重要」(成瀬ダム事業審議委員会環境・地質等調査専門委員会の報告書（平成８年７月26日）中の魚類の専門委員の意見）だという認識がなされるべきである。

また、レッドデータブックに記載された貴重種はもちろん、その他の動植物も含め、地理学的な視点からみても、ダム建設予定地及びその周辺は、貴重な遺伝子資源の宝庫ともいえる。この観点からも、まず生態系全体を保存しなければならないのと解される。

3　まとめ

以上、本事業の湛水区域が、森林生態系保護地域と重複すること、さ

らには数多くの貴重な動植物への「影響が少ない」とは言えないことからして、本事業による自然環境への影響は少ないと評価することはできないものである。

第4　治水について

1　治水計画

昭和49年3月に改定された雄物川の治水計画「雄物川水系工事実施基本計画」（以下「基本計画」という）は、基準地点（椿川）における基本高水流量のピーク流量を9,800 m³/sと定め、上流ダム群で1,100 m³/sを調節して計画高水流量を8,700 m³/sとするものである。成瀬ダム建設計画はこの「上流ダム群」の一環をなすもので、成瀬川、皆瀬川及び雄物川の治水安全度の向上を図るものとされている。

2　基本高水流量設定についての疑問

ところで、雄物川流域における主要な洪水と被害は次表の通りである。

発生年月	最大流量 (m³/s)	全壊・流出 (戸)	半壊 (戸)	床上浸水 (戸)	床下浸水 (戸)	浸水農地 (ha)
昭和22.7.21	5,050	308	0	13,102	12,259	18,253
昭和44.7.28	2,480	0	0	136	1,168	9,116
昭和47.7.6	3,300	1	2	261	1,091	9,095
昭和54.8.6	2,690	1	0	41	373	3,599
昭和56.8.23	2,280	0	1	2	9	1,300
昭和62.8.18	3,260	0	0	534	1,040	5,400
平成6.9.30		0	0	0	1	6

（注1）　雄物川水系成瀬ダム建設事業環境影響評価準備書より。最大流量は基準地点のものである。
（注2）　平成6年9月30日には、成瀬川により国道342号線が通行止となった。

この表によれば、これまでの基準地点における最大流量は昭和22年7月21日の5,050 m³/sであり、その日の被害も他の洪水に比べ非常に大きい。

しかし、この昭和22年の洪水でも、基本計画の基本高水流量ピーク流量9,800㎥/sより4,750㎥/s少なく、ほゞその2分の1にとゞまる。しかも昭和22年当時は洪水が発生するそれなりの原因があった。即ち、戦争中の乱伐で山は荒廃し、森林の保水能力は大幅に低下していた。更に、河川改修等の治水工事に必要な資材の不足等で河川の治水工事は十分行われなかったからである。

その後、山には植林が実行されて保水能力が向上し、治水事業も進展した結果、洪水は大幅に減少したのである。こうした経緯は、昭和22年以降、50年余の洪水をまとめた上記の表からも十分にうかゞえる。すなわち、昭和22年より後の洪水の最大流量は3,300㎥/s以内となっている。

従って、基本計画が基本高水流量のピーク流量を9,800㎥/sと設定したのは根拠が乏しく疑問が残る。100年に1度の洪水への対策を、150年とか200年に1度の洪水への対策へと基準を上げれば、ダム建設はいつまでも続く。しかし、民間であれば破産状態とも言える国家財政の危機下では、費用対効果の見地からして、安全度が高ければ高いほどよいとは言えないのである。

3　治水効果についての疑問

成瀬ダム計画によると、ダム地点の計画高水流量470㎥/sのうち、360㎥/sの洪水調節を行う。この360㎥/sの調節は、前述の椿川基準地点における計画高水流量8,700㎥/sを実施するための上流ダム群による1,100㎥/sの調節の一部となり、同基準点において130㎥/sのカット効果があるとされる。(「成瀬ダム計画技術レポート」)

しかしながら、こうした成瀬ダムの治水効果については次のような疑問がある。

第一に、成瀬ダムの360㎥/sの調節により、基準地点において130㎥/sのカット効果があるという根拠が十分明らかとはいえない。また、上記効果は、成瀬ダムのピーク流量が椿川基準点のピーク流量に対して影響を与える計画相応の洪水パターンには妥当するが、洪水のパターンが変われば、その効果は減少すると考えられるのである。

第二に、上流ダム群のうち既設の玉川、鎧畑、皆瀬の3ダムの集水面積合計は779.3㎢であり、その調節効果は300㎥/sとされている。一方、成瀬ダムの集水面積は68.1㎢であり、上記3ダムの8.7%程にとゞまるが、調節効果は130㎥/sとされ、上記3ダムの300㎥/sの43.3%にも及ぶ。こうした効果の差異は、降水量等の相違のみでは理解困難で疑問が残る。

第三に、上流ダム群による1,100㎥/sの調節には、成瀬ダムのほかに670㎥/sを調節できる既存3ダムに倍する新たなダム建設を必要とする。こうした果てしないダム建設は、自然環境を破壊し、国と地方の財政危機状況からして現実性に乏しいばかりか、ダム建設の終焉というアメリカ合衆国を始めとする欧米諸国の趨勢にも後れをとる。

4　代替案検討の不十分

建設省の基本高水流量の設定自体に前述した疑問のあるところであるが、「成瀬ダム計画技術レポート」に見られる治水の代替案の検討は不十分と言わざるを得ない。

すなわち、1987（昭和62）年の洪水で浸水した西仙北町刈和野地区では、治水のための築堤工事が進行中である。また、1994（平成6）年の成瀬川における既往最大の洪水により、床上浸水1棟、浸水農地6ha、国道342号線の通行止めの被害がみられた。しかし、こうした洪水被害については、東成瀬村の田子内、岩井川両地区を中心とした堤防の建設等により、被害を予防することが可能である。また、事業費も少額で足りる。技術レポートの代替案は、簡単すぎて詳細は不明であるが、成瀬川の全川にわたり堤防嵩上げ・引堤等の工事を想定しており、余りにも過大な代替案と言わざるを得ない。

5　まとめ

以上の検討により、成瀬ダム建設による治水効果は、基準地点における基本高水流水量の設定が余りに過大であるとの疑問があるうえ、その治水効果についても過大に見積もられているとの疑問がある。一方、過去の洪水被害に対しては、現に西仙北町刈和野地区の築堤工事が進行中

であり、また、成瀬川の洪水についてもこうした堤防工事等の代替案により被害を防止することができると考えられる。従って、治水を理由に成瀬ダム建設を正当化することはできない。

第5　利水について

1　かんがい用水

⑴　建設省は、成瀬ダム建設の目的として、平鹿平野のかんがい用水が「慢性的な水不足となっている」とし、国営土地改良事業平鹿平野地区の農地約10,200haに対して最大約27,000㎥/日のかんがい用水を供給するという。

⑵　ところで、建設省がかんがい用水不足の事例として挙げる「番水制実施状況（平鹿平野地区)」および秋田県雄物川筋土地改良区の資料によれば、昭和51年から平成11年までの24年間に9回の番水制が実施され、最長は38日間、最短は7日間である。また、実施時期は7月中下旬から8月に限られている。従って、代かき期、田植期に水不足のため番水制が実施された事例はなく、水不足が発生したとされる7月中下旬から8月も番水制の実施と皆瀬ダムの利用により水不足は解決されている。節水、需要管理、効率化、再利用などは、例えばアメリカ合衆国においても利水に関する基本方針とされており（1995年2月15日、日本弁護士連合会主催フォーラム「川と開発を考える」における合衆国開墾局総裁ダニエル・ビアード講演)、上記番水制の実績などはむしろ評価されてよい。

こうした実情から判断すると、成瀬ダム建設にかんがい用水の水源を求める必要性は乏しい。なお、ダム建設の受益者負担金と基幹施設の改修、関連圃場整備事業の施行などに伴う新たな負担金が発生するところ、果して必要性の乏しい事業に関係土地改良区組合員の理解を得られるか問題の残るところである。

⑶　かんがい用水の不足が懸念されるとしても、横手盆地は地下水が豊富であるから（後述)、代替水源として地下水利用の拡大が考えられるべきである。また、幹線水路の途中に調節池を多数つくることも有効と考えられる。

成瀬ダムのかんがい用水供給計画には、こうした代替案の検討も欠落している。

2　水道用水

⑴　成瀬ダムは、日量15,000㎥程度の水道用水供給を目的の一つとしている。受水市町村は、湯沢市、増田町、平鹿町、十文字町、西仙北町及び南外村である。これらの市町村では、将来の上・下水道の整備等により水道用水の需要増が予想されるが、現況水源のほとんどが伏流水及び地下水という不安定な水源であるため、安定した水源が必要であるという。

⑵　受水6市町村が、安定した水源を求める理由には理解できる部分もある。しかし、成瀬ダムにその水源を求めるのは以下の理由により飛躍があり、合理的選択とはいえない。

第一に、十文字町を除く5市町村は合計7,100人を超える給水人口の増加を見込んでいる。しかし、水道普及率が頭打ち状況であることに加え、過疎化による県人口の減少に歯止めがかゝらず、「少子高齢化」、「低成長」といわれる時代にこうした給水人口増加の予測が妥当といえるか疑問である。また、水道の1人あたり使用日量の予測も、現状よりアップされ、400～500リットルとされているところが多い。大都市部でも家庭用水の平均使用日量は250リットル程度であり、400～500リットルの使用日量の予測は最大給水量を考慮しても明らかに過大である。真木ダムの環境アセスメント資料によれば、平成2年3月の1日1人平均給水量は、中仙町159リットル、太田町258リットルであり、同最大給水量は、中仙町174リットル、太田町321リットルであった。今後、残された自然環境の保全のためにも、市町村は節水の啓蒙や節水器具の普及等に努めるべきである。こうした給水人口と使用量の予測の見直しにより、成瀬ダムの取水予定量は大幅に減少しよう。

第二に、上記したところによってもなお水道の水源不足が発生する市町村については、代替水源として①地下水源の開発、②玉川ダムに取水する秋田県の秋田第二工業用水、或いは秋田市の上水道水利権の各余剰水について譲渡、転用が検討されるべきである。

①について、横手盆地の地下水は、国の調査によっても「豊富に賦存」し、年間の平均的な値として「安定している」とされる。従って、時季的な地下水位の低下については、水源かん養池の作設とより深い井戸の掘削などによって対応可能と考えられる。西仙北町と南外村を除く4市町村はこの地下水源の活用が可能である。

②については、余剰工業用水の水道用水転用は全国に多数の事例があり、国も推進しているところである。秋田第二工業用水には少なくとも日量7万2,000トンの未売水があるので、日量1～2万トンの転用には問題がない。また、秋田市の水利権譲渡等については、同市がその推進に着手している旨報ぜられている。西仙北町と南外村は、その取水予定量が合計3,000㎥/日であり、玉川ダムの工業用水、上水道水利権利用が考えられるべきである。南外村については、17年後とされる成瀬ダムの完成（これとて国の財政事情により順調に進むという保障はない）を待たず、早急に上述の水利権の転用・譲渡が急がれるべきであり、秋田県が指導性を発揮することが望ましい。

(3) なお、建設省は、水道の渇水被害状況一覧表を掲げるが、当初の一覧表は成瀬ダムを水源としない地区が五ヶ所（全体の3分の1）も含まれていたうえ、渇水被害は平成6年に集中し、南外村を除けば、数日程度の時間給水、減圧給水である。

こうした実情と上記代替水源の存在に照らせば、成瀬ダム建設の主な目的の一つとして水道用水の確保を掲げることには無理がある。

第6　地形・地質について

成瀬ダム建設予定地では、成瀬川に沿って、「成瀬川断層」の存在が指摘され（秋田県発行の5万分の1地質図など）、成瀬川の流路はこの断層による破砕帯によって位置づけられているとされる。

また、ダムサイト予定地付近には、破砕帯の存在する可能性も複数の専門家によって指摘されている。これが事実とすれば、事業費の膨張が不可避となり、費用対効果の観点からも軽視できない。

更に、ダムサイト予定地付近には地すべり地形が顕著であり（科学技術庁の地すべり地形分布図など）、湛水による地下水の上昇が地すべり

の誘因となる危険性も否定できない。また、ダムの湛水によって地震が誘発されるという事例報告も多く、近隣に断層の存在が指摘されている成瀬ダム建設予定地においても、こうした懸念を払拭できない。

従って、建設省は、ボーリング調査等の事前調査を尽くし、調査結果を全面公開し、多数専門家の検討に付すべきである。

こうした慎重な手順を尽くさないまゝにダム建設を強行することは危険と負担が大きすぎると考える。